円束のはなし

幾何と代数の
アイディアから見える世界

はじめに

「２つの円 $x^2+y^2=1$ …①　$x^2+y^2-6x-8y+16=0$ …②
の交点を通る直線を求めよ。」

この問題の考察が本書が生まれたきっかけである。①から②を引いて得られる直線 $6x+8y-17=0$ …③を答としてしまう生徒が多いが、円①、②は共有点を持たないのでこのような直線は存在しない。では直線③は幾何学的にどのような意味をもつのか？

この問は筆者に限らず、多くの先生方も問題意識をもって研究されているが、中でも札幌新川高等学校 中村 文則先生、札幌稲北高等学校 早苗 雅史先生、埼玉大学 岡部 進先生の研究（参考URL(7)(8)）は、この直線を「空間内の２曲線の影」ととらえている点で特筆に値する。

この問いを探求するにつれ、それに関連する根軸、円束、反転、極線等、現在の学習指導要領では中学高校でほぼ扱われないが、幾何学的にとても豊かな内容をもった題材に興味を持ち、こうした内容をある程度体系的にまとめてみることに価値を見出し、出版社の方の勧めもあり、本にすることにした。

第１章では上記の問いをきっかけに、根軸、円束について述べ、円束を３種類に分類し、それぞれの性質を考察する。

第２章では円束と関わりの深い反転、極と極線を中心に考察する。反転法を用いると、鮮やかに証明できる定理・命題は数多く存在し、そうしたものの一部を紹介する。

第３章では基本円束と呼ばれる同心円や定点を通る直線群から、反転法を用いて円束を構成し、さらに１次分数変換と円束について考察する。

第４章では虚点や虚円を導入することで、第１章、第２章で考察した「根軸」や「極と極線」を新たな視点で見直すと同時に、虚点、虚円の視覚化を試みる。この視覚化については前述の早苗 雅史先生や調布南高校の森島 充先生も研究されている（参考文献・参考URL⑶⑺⒂）が、筆者独自の試みも記載している。

本書を読むのに必要な予備知識は高校までで学習する初等数学の内容を理解していれば十分である。第３章２節を除けば、多少の根気は必要となるものの数学ⅡＢまでの知識があれば十分理解できる。複素数平面の知識がない場合は第３章２節は飛ばしても差し支えない。

本書は命題、定理、系、例から構成される。「命題」とは証明される事柄のうち重要なもの、「定理」とは命題の中でも特に重要で簡潔なもの、「系」とは命題や定理からただちに分かる事柄、「例」とは命題の中でも具体性の強いものである。特に重要な定理の証明については、初等幾何的な方法によるものと解析的な方法によるものの両方を記してある。

幾何学、特に円という図形の美しさ、不思議さを、従来の見方とは一味違った視点で捉えているのが本書の特徴であり、本書を通し数学により興味を持っていただければこの上ない喜びである。

2024年3月
高橋 純

Contents

第 1 章

円束とは

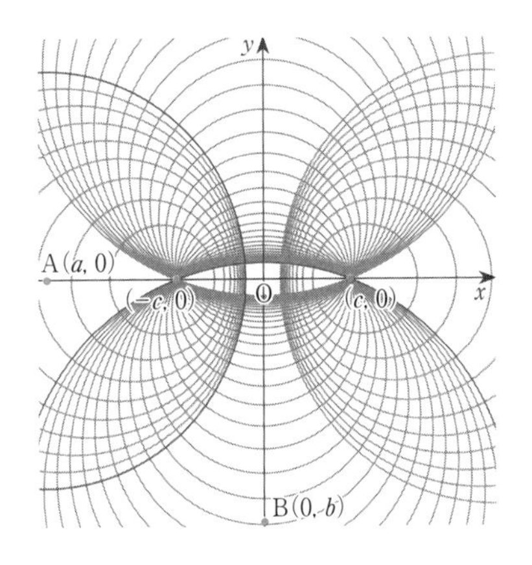

1 円束とは？

２つの円

$C_1 : x^2+y^2+lx+my+n=0$、$C_2 : x^2+y^2+px+qy+r=0$

について、C_1，C_2が２点で交わる場合、方程式

$k(x^2+y^2+lx+my+n)+(x^2+y^2+px+qy+r)=0$（$k$は定数）

の表す図形は$k \neq -1$のときはC_1，C_2の２交点を通る円、

$k=-1$のときは２交点を通る直線になる。

この直線の方程式はC_1，C_2の方程式の差をとった

$$(p-l)x+(q-m)y+r-n=0 \cdots *$$

である。

ではC_1，C_2が交わらない場合、方程式＊は幾何学的にどのような直線を表すのだろうか？

２円$x^2+y^2=1$ …①，$(x-4)^2+(y-2)^2=4$ …②に対し、

②－①より得られる直線$8x+4y-17=0$ …③を考える。

①，②は共有点を持たない。しかし①、②の両辺にそれぞれ定数r^2を加え、

２円$x^2+y^2=1+r^2$ …①′，$(x-4)^2+(y-2)^2=4+r^2$ …②′

を考えると、r^2が十分大きければ、２円①′，②′は２点で交わり、その２交点を通る直線は③になる。

このとき直線③上にあり、かつ円①′，②′の外部にある任意

の点Pをとると、Pから２円①′，②′へ引いた接線の長さは等しくなる。実際２円①′，②′の交点をA，B，Pから２円①′，②′へ引いた接線の接点をそれぞれS，Tとおくと、

円①′において方べきの定理より、

$$PS^2=PA\cdot PB$$

円②′において方べきの定理より、

$$PT^2=PA\cdot PB$$

$$\therefore PS^2=PT^2 \text{ から } PS=PT$$

さらにこの点Pから元の２円①，②に接線を引き、接点をそれぞれU，Vとすると、$PU=PV$も成り立つ。実際円①、②の中心をそれぞれO，Cとすると、

$$PS^2=PT^2 \text{ より}$$

$$OP^2-OS^2=CP^2-CT^2$$

$$\text{すなわち } OP^2-(r^2+1)=CP^2-(r^2+4)$$

$$\text{よって } OP^2-1=CP^2-4$$

$$\text{すなわち } OP^2-OU^2=CP^2-CV^2$$

$$\text{したがって } PU^2=PV^2 \text{ から } PU=PV$$

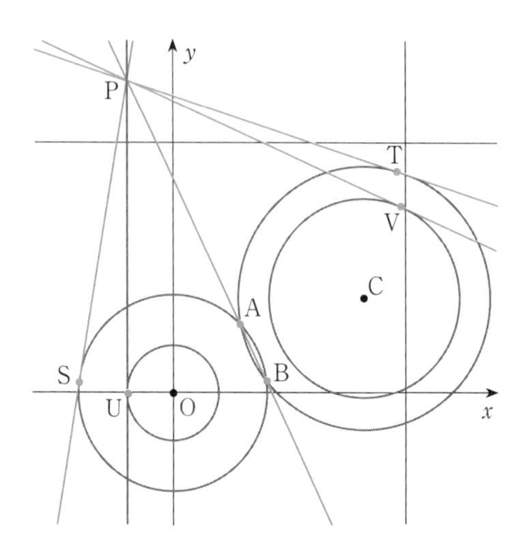

つまり2円 C_1, C_2 が交わらない場合、方程式＊が表す直線は2円 C_1, C_2 への接線の長さが等しい点の軌跡となる。

そして2円 C_1, C_2 が交わっているときも、交点 A, B を通る直線 AB のうち、円の外側の部分は2円 C_1, C_2 への接線の長さが等しい点の軌跡となっている。しかし直線 AB のうち円の内側、すなわち弦 AB の部分からは、当然接線は引くことができない。それゆえ直線 AB 上のすべての点が2円 C_1, C_2 への接線の長さが等しい点とは言えない。

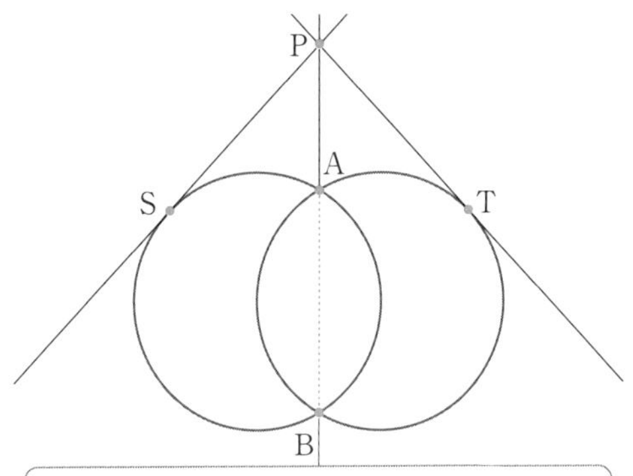

2円が2点A, Bで交わるとき、直線ABのうち、
弦ABを除いた部分からしか2円への接線は引けない。

このような例外を解消するため、方べきの値というものを定義する。

中心O、半径rの円Oと1点Pが与えられているとき、Pを通り円Oと交わる2直線と円Oとの交点をA, BおよびC, Dとすると、方べきの定理より

$$PA \cdot PB = PC \cdot PD$$

が成り立つ。これはPを通る任意の直線と円との交点をA, Bとしたとき、$PA \cdot PB$の値が一定であることを意味する。

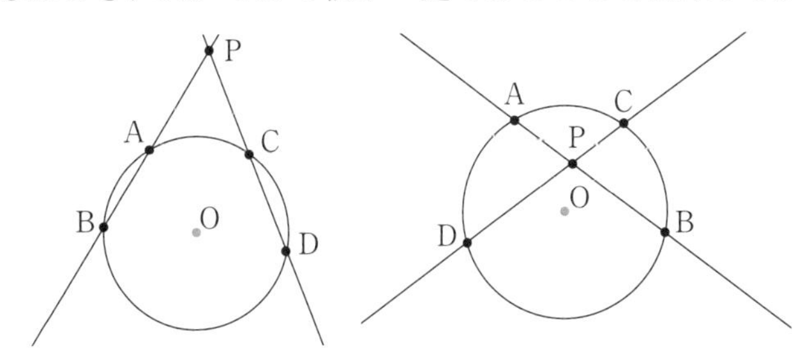

この $PA \cdot PB$ の値は向きも考えて、

PA と PB が同じ向きのとき…正　　PA と PB が反対向きのとき…負

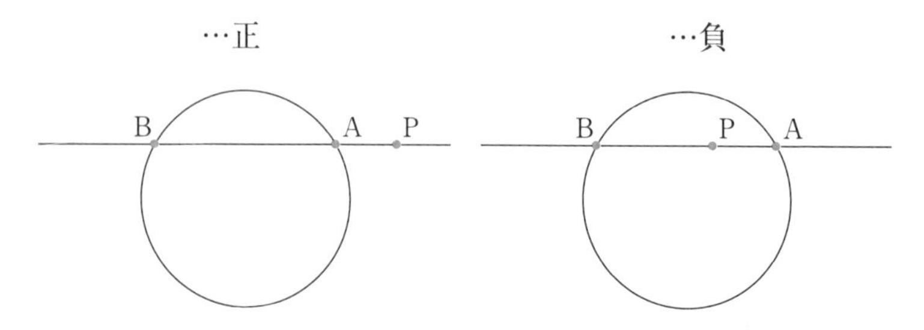

と定める。線分 PA の長さを $|PA|$ で表すことにすると、

P が円 O の内部にあるとき …$PA \cdot PB = -|PA| \cdot |PB|$

P が円 O の外部にあるとき …$PA \cdot PB = |PA| \cdot |PB|$ となる。

さらに P が円 O の周上にあるときは $PA \cdot PB$ の値は0と定める。

そしてこの一定である $PA \cdot PB$ の値を円 O に関する点 P の方べきの値と定義する。

定理 1-1

中心 O, 半径 r の円に関する点 P の方べきの値は $OP^2 - r^2$ に等しい。

証明　i）点 P が円 O の外部にあるとき

P を通る円 O の接線を引き接点を T とする。P を通る円 O と交わる任意の直線と円 O との交点を A, B とすると、

方べきの定理より、$PA \cdot PB = PT^2$

PT は接線であるから　$PT^2 = OP^2 - r^2$

$$\therefore PA \cdot PB = OP^2 - r^2$$

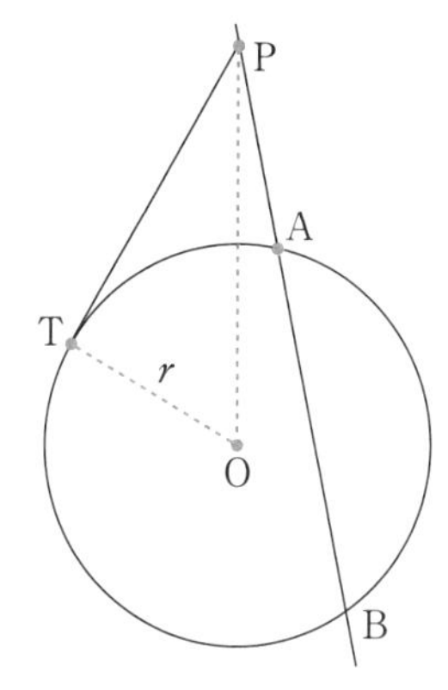

ⅱ）P が円 O の内部にあるとき

直線 OP（O と P が一致するときは O を通る任意の直線）と円 O との交点を A，B とすると

$$PA \cdot PB = -|PA| \cdot |PB| = -(r - |OP|)(r + |OP|)$$
$$= OP^2 - r^2$$

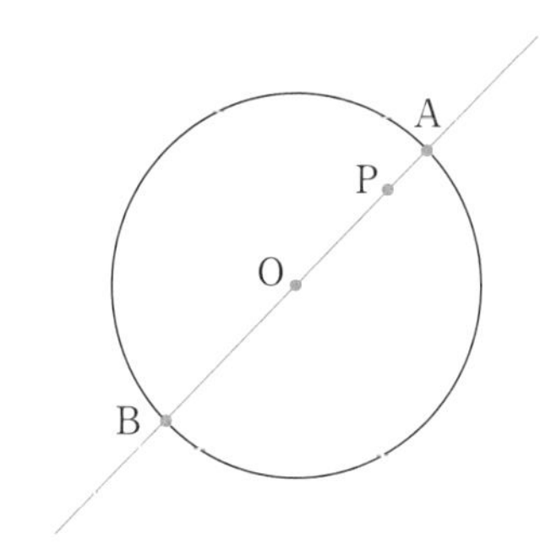

ⅲ）P が円 O の周上にあるとき

$PA \cdot PB = 0$，　$OP^2 - r^2 = r^2 - r^2 = 0$

$\therefore \quad PA \cdot PB = OP^2 - r^2$ （終）

命題 1-1　同心円でない２円 C_1, C_2 に関する方べきの値が等しい点の軌跡は２円 C_1, C_2 の中心を結ぶ直線に垂直な直線である。

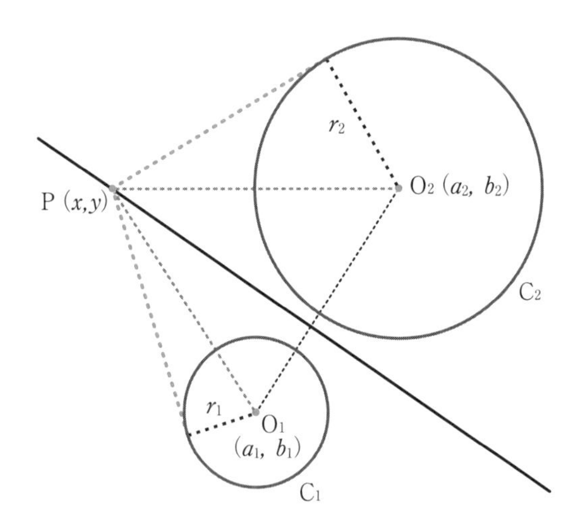

証明　$C_1 : (x-a_1)^2+(y-b_1)^2=r_1{}^2$ …①

$C_2 : (x-a_2)^2+(y-b_2)^2=r_2{}^2$ …②とする。

C_1, C_2 に関する方べきの値が等しい任意の点を $P(x, y)$ とすると

$$(x-a_1)^2+(y-b_1)^2-r_1{}^2=(x-a_2)^2+(y-b_2)^2-r_2{}^2$$

整理して

$$2(a_2-a_1)x+2(b_2-b_1)y+a_1{}^2-a_2{}^2+b_1{}^2-b_2{}^2-r_1{}^2+r_2{}^2=0$$

…③

C_1, C_2 は同心円ではないから $(a_1, b_1) \neq (a_2, b_2)$。よって③は直線を表し、また C_1, C_2 の中心を $O_1(a_1, b_1)$, $O_2(a_2, b_2)$ と表したとき、

$\overrightarrow{O_1O_2}=(a_2-a_1, b_2-b_1)$ で、直線③の法線ベクトルも (a_2-a_1, b_2-b_1) であるから、③は中心間を結ぶ直線 O_1O_2 に垂直な直線である。

以上から題意は証明された。 (終)

一般に同心円でない2円 C_1, C_2 が与えられたとき、2円に関する方べきの値が等しい点の軌跡を2円 C_1, C_2 の根軸という。またこのとき2円 C_1, C_2 の中心を結ぶ直線を中心軸という。

2円が交わらないときは、根軸は2円に引いた接線の長さが等しい点の軌跡になる。

命題1-1の証明より、2円 C_1, C_2 の根軸の方程式は、C_1, C_2 の方程式①、②の差をとり、x^2, y^2 の項を消去して得られる1次方程式であることが分かる。

このようにして、P.10の2円 C_1, C_2 の方程式の差をとって得られる方程式 $(p-\ell)x+(q-m)y+r-n=0$ ＊が表す直線の意味が統一的に解釈できるようになった。

次に、2円の位置関係により、根軸がどのように変化するかを見てみよう。

2円の位置関係と根軸

円 C_1:$x^2+y^2=R^2$ …①，C_2:$(x-a)^2+y^2=r^2$ …②（ただし $a>0, R>r>0$）について①－②より　$2ax-a^2=R^2-r^2$

$a>0$ より、$x=\dfrac{a^2+R^2-r^2}{2a}$ …③

これが C_1，C_2 の根軸の方程式である。

C_1，C_2 の中心間の距離は a である。

ｉ）C_1，C_2 が離れている時

$a>R+r$ となるので、$a-r>R>0$，$a-R>r>0$ より

$$a-r-\frac{a^2+R^2-r^2}{2a}=\frac{2a(a-r)-(a^2+R^2-r^2)}{2a}$$

$$=\frac{a^2-2ar+r^2-R^2}{2a}=\frac{(a-r)^2-R^2}{2a}>0$$

$$\frac{a^2+R^2-r^2}{2a}-R=\frac{(a^2+R^2-r^2)-2aR}{2a}$$

$$=\frac{a^2-2aR+R^2-r^2}{2a}=\frac{(a-R)^2-r^2}{2a}>0$$

$\therefore R<\dfrac{a^2+R^2-r^2}{2a}<a-r$ となるので、根軸は C_1，C_2 の間にある。

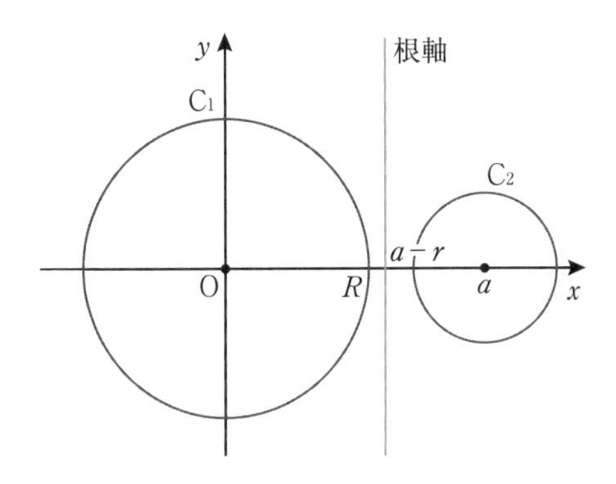

ⅱ）C_1，C_2が外接している時

$a=R+r$となるので、$a-r=R$であり、

$$\frac{a^2+R^2-r^2}{2a}=\frac{(R+r)^2+R^2-r^2}{2(R+r)}=\frac{2R^2+2Rr}{2(R+r)}=\frac{2R(R+r)}{2(R+r)}=R$$

したがって根軸は接点T（$R,0$）を通りx軸（中心軸）に垂直な直線である。

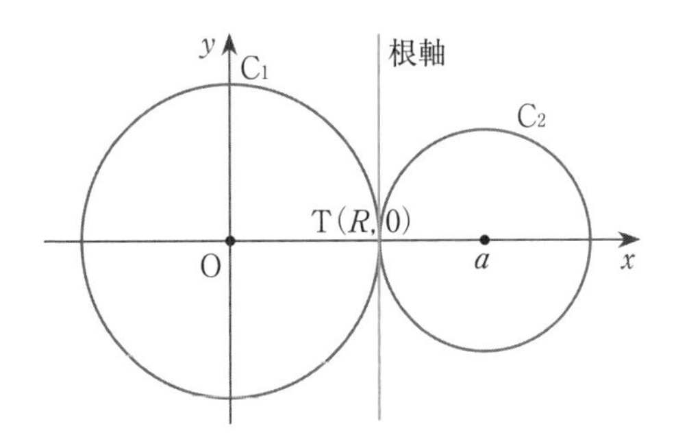

iii）C_1, C_2が２点で交わる時

$R-r<a<R+r$となるので、$-a+R+r>0$, $a-R+r>0$

また$a+R+r>0$, $a+R-r>0$

③を①に代入して、

$$y^2=R^2-\left(\frac{a^2+R^2-r^2}{2a}\right)^2=\frac{4a^2R^2-(a^2+R^2-r^2)^2}{4a^2}$$

$$=\frac{(2aR+a^2+R^2-r^2)(2aR-a^2-R^2+r^2)}{4a^2}$$

$$=\frac{\{(a+R)^2-r^2\}\{r^2-(a-R)^2\}}{4a^2}$$

$$=\frac{(a+R+r)(a+R-r)(a-R+r)(-a+R+r)}{4a^2}>0$$

したがってC_1, C_2は２点

$$A\left(\frac{a^2+R^2-r^2}{2a},\ \frac{\sqrt{(a+R+r)(a+R-r)(a-R+r)(-a+R+r)}}{2a}\right),$$

$$B\left(\frac{a^2+R^2-r^2}{2a},\ -\frac{\sqrt{(a+R+r)(a+R-r)(a-R+r)(-a+R+r)}}{2a}\right)\text{で}$$

交わり、根軸はこの２点を通る直線となる。

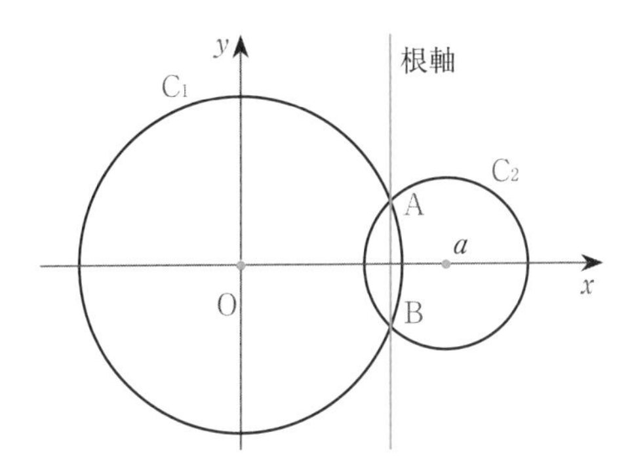

iv）C_1，C_2が内接する時

$a=R-r$となるので、

$$\frac{a^2+R^2-r^2}{2a}=\frac{(R-r)^2+R^2-r^2}{2(R-r)}=\frac{2R^2-2Rr}{2(R-r)}=\frac{2R(R-r)}{2(R-r)}=R$$

したがって根軸は接点$T(R,0)$を通りx軸（中心軸）に垂直な直線である。

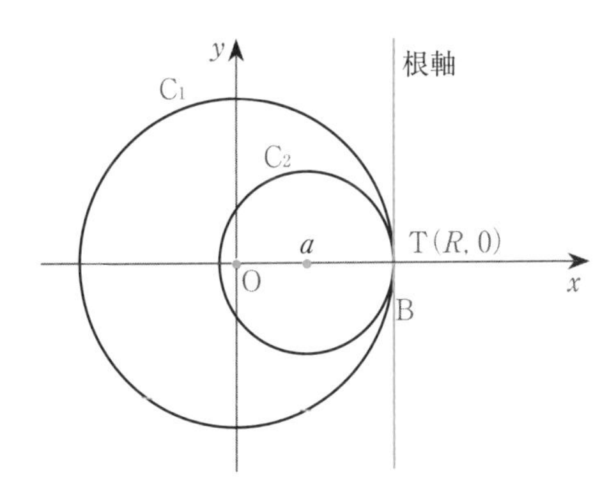

v）C_2がC_1の内部にある時

$a<R-r$となるので、$r<R-a$であり、

$$\frac{a^2+R^2-r^2}{2a}-R=\frac{(a^2+R^2-r^2)-2aR}{2a}=\frac{(R^2-2aR+a^2)-r^2}{2a}$$

$$=\frac{(R-a)^2-r^2}{2a}>0$$

$\therefore R<\dfrac{a^2+R^2-r^2}{2a}$ となるので、根軸は C_1 の外側にある。

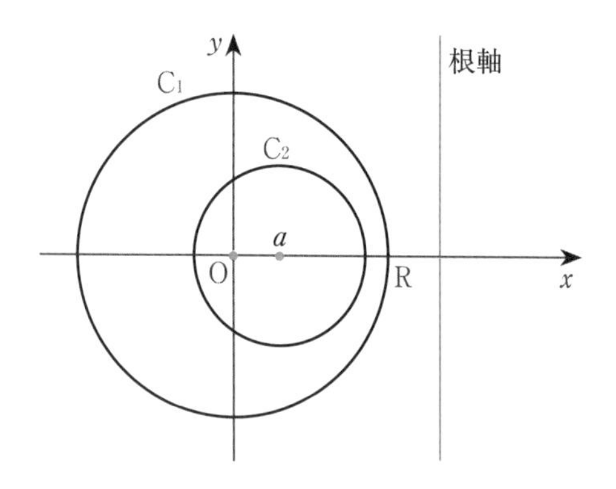

i)，v) のとき根軸と中心軸の交点 A の作図は次のように行う。

①２円の中心 O, C それぞれを通り、直線 OC に垂直な直線 ℓ、m を引く。

② ℓ 上に $OD=r$ となる点 D を、m 上に $CE=R$ となる点 E を、D, E が直線 OC に対し同じ側に来るようにとる。

③線分 DE の垂直二等分線と、直線 OC との交点が点 A になる。

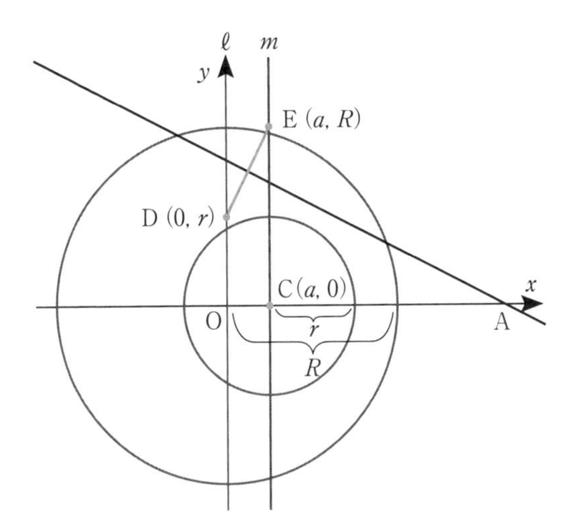

実際 D $(0, r)$, E (a, R) とするとき、DE の中点の座標は

$\left(\dfrac{a}{2}, \dfrac{R+r}{2}\right)$ となり、$\overrightarrow{DE}=(a, R-r)$ から、線分 DE の垂直

二等分線の方程式は

$$a\left(x-\frac{a}{2}\right)+(R-r)\left(y-\frac{R+r}{2}\right)=0$$

これに $y=0$ を代入すると $x=\dfrac{a^2+R^2-r^2}{2a}$ を得る。

２直線のなす角が直角であるとき、２直線は直交するというが、２円の直交性を次のように定義する。

定義 ２点で交わる２円において、交点における２円の接線が直交するとき、この２円は**直交**するという。

根軸はこの円の直交性と深い関わりがある。

命題 1-2　2円 C_1, C_2 の根軸を ℓ とする。この2円と交わる円 C について、円 C が2円 C_1, C_2 と直交するならば、円 C の中心が ℓ 上にある。

逆に円 C の中心が ℓ 上にある（ただし2円 C_1, C_2 が交わる場合は ℓ 上でその共通部分を除いた部分）ならば、円 C の半径を適当に選んで、円 C が2円 C_1, C_2 と直交するようにできる。

証明　円 C_1, C_2, C の中心、半径をそれぞれ O_1, O_2, P, r_1, r_2, r

円 C と C_1, C_2 の交点をそれぞれ S, T とする。

円 C が2円 C_1, C_2 と直交するならば、$\angle O_1SP = \angle O_2TP = 90°$

$\therefore O_1S^2 + PS^2 = O_1P^2,\ O_2T^2 + PT^2 = O_2P^2$　すなわち

$r_1{}^2 + r^2 = O_1P^2,\ r_2{}^2 + r^2 = O_2P^2$

$\therefore O_1P^2 - r_1{}^2 = O_2P^2 - r_2{}^2$　これは点 P の円 C_1, C_2 に関する方べきの値が等しいことを示しているから、点 P は2円

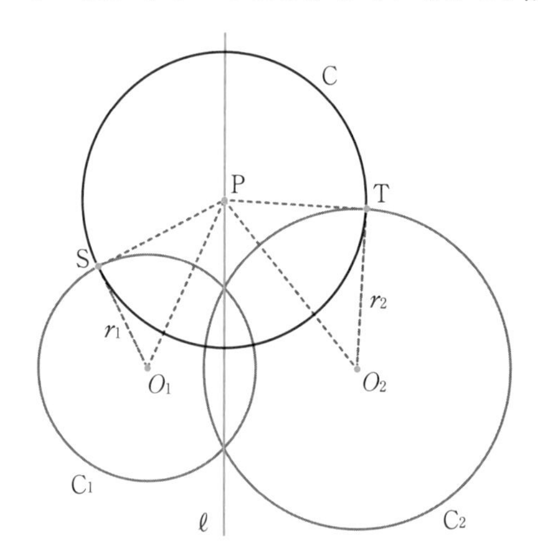

C_1, C_2 の根軸 ℓ 上にある。

逆に円 C の中心 P が根軸 ℓ 上にある（ただし2円 C_1, C_2 が交わる場合は ℓ 上でその共通部分を除いた部分）ならば、$O_1P^2 - r_1{}^2 = O_2P^2 - r_2{}^2$ が成り立ち、条件からこの値は負になることはないから

$O_1P^2 - r_1{}^2 = O_2P^2 - r_2{}^2 = r^2 (r>0)$ …① とおける。この r に対し、P を中心とする半径 r の円 C を描き、C_1, C_2 との交点をそれぞれ S, T とすると、①より

$O_1P^2 - O_1S^2 = O_2P^2 - O_2T^2 = PS^2 = PT^2$

$\therefore O_1S^2 + PS^2 = O_1P^2,\ O_2T^2 + PT^2 = O_2P^2$ が成り立つから、

$\angle O_1SP = \angle O_2TP = 90°$

したがって円 C が2円 C_1, C_2 と直交する。（終）

ここまで2円の根軸について考察してきた。次に、3つの円があるとき、そのうちの2円ずつが構成する3本の根軸の間の関係について考えてみよう。

命題 1-3　（根心の存在定理）

その中心が1直線上にない3つの円 C_1, C_2, C_3 があり、円 C_1, C_2 の根軸を ℓ_{12}，円 C_2, C_3 の根軸を ℓ_{23}，円 C_3, C_1 の根軸を ℓ_{31} とすると、3直線 ℓ_{12}，ℓ_{23}，ℓ_{31} は1点で交わる。

この点を3つの円 C_1, C_2, C_3 の根心という。

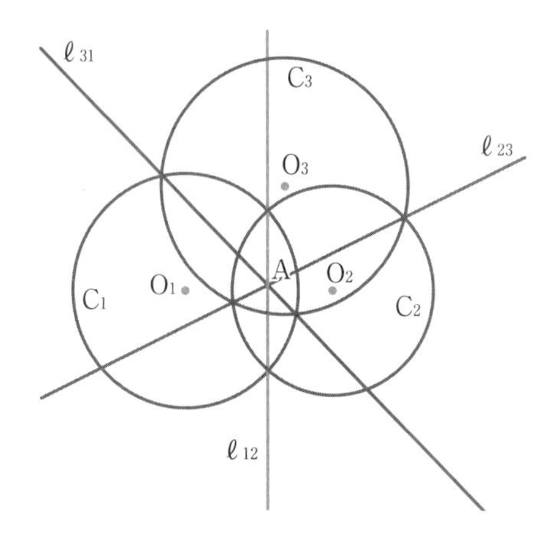

証明 円 C_1, C_2, C_3 の中心をそれぞれ O_1, O_2, O_3, 半径をそれぞれ r_1, r_2, r_3, 2直線 ℓ_{12} と ℓ_{23} の交点を A とすると、

A は ℓ_{12} 上にあるから、$O_1A^2 - r_1{}^2 = O_2A^2 - r_2{}^2$

A は ℓ_{23} 上にあるから、$O_2A^2 - r_2{}^2 = O_3A^2 - r_3{}^2$

$$\therefore O_1A^2 - r_1{}^2 = O_3A^2 - r_3{}^2$$

したがって A は ℓ_{13} 上にある。すなわち3直線 ℓ_{12}, ℓ_{23}, ℓ_{31} は1点 A で交わる。（終）

3円 C_1, C_2, C_3 の根心がどの円の内部にもないとき、根心を中心として、根心から各円に引いた接線の長さを半径とする円 C を書ける。命題 1-2 よりこの円 C は3円 C_1, C_2, C_3 に直交する。この円 C を3円 C_1, C_2, C_3 の根円という。

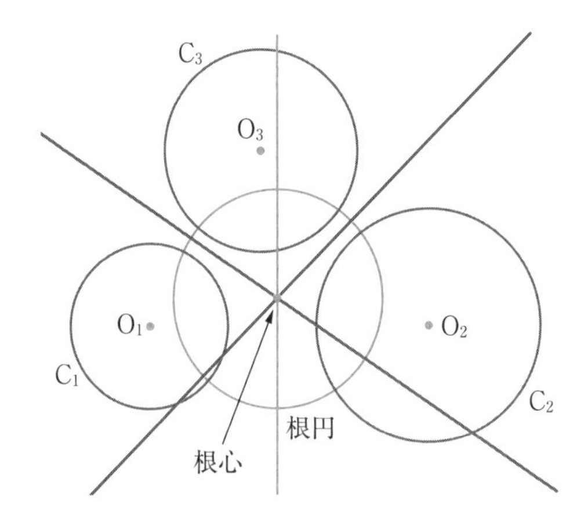

系1−1　どの2円も互いに外接する3円 A, B, C がある。中心を結んでできる△ ABC の内接円は、この3円の根円である。

証明　3円 A, B, C の中心をそれぞれ A, B, C とし、△ ABC の内心を I, 円 B と円 C, 円 C と円 A, 円 A と円 B の接点をそれぞれ D, E, F とする。

$IF \perp AB$ より、直線 IF は円 A の接線であり、また直線 AB は内接円 I の接線であるから、円 A と内接円 I は直交する。同様にして円 B と内接円 I, 円 C と内接円 I もそれぞれ直交する。

したがって内接円 I は、3円 A, B, C の根円である。（終）

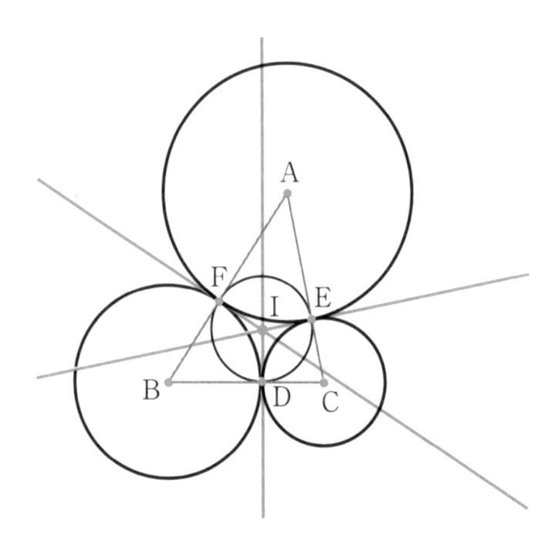

系 1−2　$\triangle ABC$ において、AB, BC, CA をそれぞれ直径とする３つの円の根心は、$\triangle ABC$ の垂心である。

証明　AB を直径とする円 C_1 と、直線 BC, 直線 CA との交点をそれぞれ D, E とすると、AB は直径であるから、
$AD \perp BC$…①, $BE \perp CA$ …②　よって直線 AD と BE の交点を H とすると、H は $\triangle ABC$ の垂心である。したがって直線 CH と AB の交点を F とすると、$CF \perp AB$ …③　②, ③より E, F は BC を直径とする円 C_2 上にあり、①, ③より D, F は CA を直径とする円 C_3 上にある。円 C_1, C_2 の交点が B, E であり、交わる２円の根軸は２交点を通る直線であるから、直線 BE は円 C_1, C_2 の根軸である。同様にして直線 AD は円 C_2, C_3 の根軸、直線 AD は円 C_3, C_1 の根軸であるから、垂心 H は３円 C_1, C_2, C_3 の根心である。　(終)

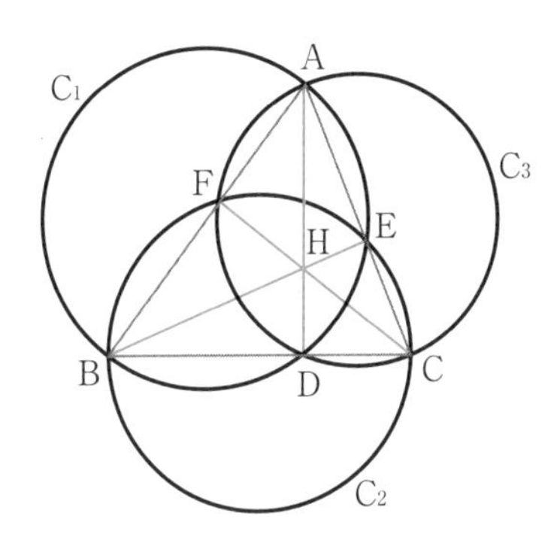

円の集合があり、そのどの２つの要素の根軸も一致するとき、これらの円は共軸円系をなすといい、また共軸円系をなす円全体の集合をその根軸によって定まる円束という。

同心円でない２つの円 $C_1 : x^2+y^2+lx+my+n=0$ …①, $C_2 : x^2+y^2+px+qy+r=0$ …②が属する円束について、次の命題が成り立つ。

命題 1-4

1．j, k を実数の定数とし、

$$j(x^2+y^2+lx+my+n)+k(x^2+y^2+px+qy+r)=0 \quad \cdots ③$$

によって C_1, C_2 とは異なる円が定まるとき、これを C_{jk} とおく。C_1, C_2 の根軸は、C_1, C_{jk} および C_2, C_{jk} の根軸と一致する。すなわち C_1, C_2, C_{jk} は共軸円系をなす。

2．逆に C_1, C_2, と共軸円系をなす任意の円は

$$j\ (x^2+y^2+lx+my+n)+k(x^2+y^2+px+qy+r)=0$$

（j, k は実数の定数）の形で表せる。

証明　C_1, C_2 の根軸は直線 $(l-p)x+(m-q)y+n-r=0$ である。

1．$j+k=0$ のとき①は直線を表すので $j+k\neq 0$ である。

C_1, C_{jk} の根軸は①×$(j+k)$－③より

$$k(l-p)x+k(m-q)y+k(n-r)=0$$

$k=0$ だと C_1, C_{jk} は一致するので $k\neq 0$

よって C_1, C_{jk} の根軸は C_1, C_2 の根軸と一致する。

C_2, C_{jk} の根軸は②×$(j+k)$－③より

$j(l-p)x+j(m-q)y+j(n-r)=0$

$j=0$ だと C_2, C_{jk} は一致するので $j\neq 0$

よって C_2, C_{jk} の根軸は C_1, C_2 の根軸と一致する。

2．C_1, C_2 と共軸円系をなす任意の円を

$C: x^2+y^2+sx+ty+u=0$ とおく。

C_1, C の根軸の方程式は $(l-s)x+(m-t)y+n-u=0$

C_2, C の根軸の方程式は $(p-s)x+(q-t)y+r-u=0$

これらが C_1, C_2 の根軸 $(l-p)x+(m-q)y+n-r=0$ と一致することから、ある実数 α，β があって

$l-s=\alpha(l-p),\quad m-t=\alpha(m-q),\quad n-u=\alpha(n-r)$

$p-s=\beta(l-p),\quad q-t=\beta(m-q),\quad r-u=\beta(n-r)$

$\therefore\ s=(1-\alpha)l+\alpha p=(1+\beta)p-\beta l$

$t=(1-\alpha)m+\alpha q=(1+\beta)q-\beta m$

$u=(1-\alpha)n+\alpha r=(1+\beta)r-\beta n$

よって $j=1-\alpha,\ k=\alpha$　または $j=-\beta,\ k=1+\beta$　とすれ

ばよい。（終）

命題1-4から、C_1, C_2を含む円束に属する円は、方程式③の形で表せる円であることが分かった。C_1, C_2の中心をそれぞれ$O_1(a_1, b_1), O_2(a_2, b_2)$，半径をそれぞれ$r_1, r_2$とすると、方程式③は

$$j\{(x-a_1)^2+(y-b_1)^2-r_1^2\}+k\{(x-a_2)^2+(y-b_2)^2-r_2^2\}=0$$

となり、ここから

$$\{(x-a_1)^2+(y-b_1)^2-r_1^2\}:\{(x-a_2)^2+(y-b_2)^2-r_2^2\}=k:-j$$

が得られ、これはC_1, C_2を含む円束に属する円が、円C_1，に関する方べきの値と円C_2，に関する方べきの値の比が$k:-j$（一定）である点の軌跡であることを意味する。

ここで注意すべきは、C_1, C_2の位置関係およびj, kの値によっては、方程式③で円が定まらない場合もあることである。以下このことについて考察しておく。

中心がそれぞれ$O(0,0), A(a,0)$，半径がrである２円

$$C_1: x^2+y^2=r^2 \cdots ① \quad C_2: (x-a)^2+y^2=r^2 \cdots ②$$

（ただし$a \neq 0$）に対し、C_1, C_2を含む円束に属する円

$$j(x^2+y^2-r^2)+k\{(x-a)^2+y^2-r^2\}=0 \cdots ③$$

を考える。

$j+k=0$のときは③は直線（C_1, C_2の根軸）を表す。

$j+k \neq 0$のときは③の両辺を$j+k$で割って、

$$\frac{j}{j+k}(x^2+y^2-r^2)+\frac{k}{j+k}\{(x-a)^2+y^2-r^2\}=0 \cdots ③'$$

$\dfrac{k}{j+k}=t$ とおくと、③$'$は

$$(1-t)(x^2+y^2-r^2)+t\{(x-a)^2+y^2-r^2\}=0$$

すなわち $x^2+y^2-2atx+a^2t-r^2=0$

変形して $(x-at)^2+y^2=a^2\left(t-\dfrac{1}{2}\right)^2-\dfrac{a^2}{4}+r^2\cdots$③$''$

ｉ）$-\dfrac{a^2}{4}+r^2>0$ すなわち $|a|<2r$ のとき、C_1, C_2 は２点で交わる。

t の値に関わらず③$''$は２円の交点を通る円を表す。その中心は線分 OA を $t:(1-t)$ に分ける点である。

ⅱ）$-\dfrac{a^2}{4}+r^2=0$ すなわち $|a|=2r$ のとき、C_1, C_2 は外接する。

$t=\dfrac{1}{2}$ のとき③$''$は点 $\left(\dfrac{a}{2}, 0\right)$　$t\neq\dfrac{1}{2}$ のとき③$''$は OA の中点 $\left(\dfrac{a}{2}, 0\right)$ で直線 $x=\dfrac{a}{2}$ に接し、線分 OA を $t:(1-t)$ に分ける点を中心とする円である。

ⅲ）$-\dfrac{a^2}{4}+r^2<0$ すなわち $|a|>2r$ のとき、C_1, C_2 は離れている。

$t<\dfrac{1}{2}-\dfrac{\sqrt{a^2-4r^2}}{2|a|}$, $\dfrac{1}{2}+\dfrac{\sqrt{a^2-4r^2}}{2|a|}<t$ のとき③$''$は線分 OA を

$t:(1-t)$ に分ける点を中心とする円

$t=\dfrac{1}{2}\pm\dfrac{\sqrt{a^2-4r^2}}{2|a|}$ のとき③$''$は点（$at, 0$）

$\frac{1}{2}-\frac{\sqrt{a^2-4r^2}}{2|a|}<t<\frac{1}{2}+\frac{\sqrt{a^2-4r^2}}{2|a|}$ のとき、③" を表す図形は存在しない。

共軸円系をなす円の集合として円束というものを考えたが、円束は3つのタイプに分類される。次にこのことについて考察しよう。

2 円束の分類

双曲的円束

直線 l と、それに垂直な直線 m を考える。l と m の交点を O とし、l 上に O から等距離にある2定点 F, F' をとる。l 上に中心を持ち、その円に関する点 O の方べきの値が、$OF^2=OF'^2$ に等しくなるような円の集合 H を考える。

議論を単純にするため、交点 O が原点、直線 l, m がそれぞれ x 軸 ,y 軸に重なるように座標軸をとり、点 F, F' の座標をそれぞれ $F(c, 0), F'(-c, 0)$ (c は正の定数) とする。集合 H に属する任意の円の中心を $A(a, 0)$, 半径を r とすると、H の定義から

$$OA^2-r^2=OF^2(=OF'^2)$$

この円上の任意の点 (x, y) に対し、$(x-a)^2+y^2=r^2$ から

$$a^2-\{(x-a)^2+y^2\}=c^2$$

整理して $(x-a)^2+y^2=a^2-c^2$ …④

これが H に属する円の方程式となる。

H に属する任意の異なる２円

$(x-a_1)^2+y^2=a_1{}^2-c^2$ …④-1,

$(x-a_2)^2+y^2=a_2{}^2-c^2\ (a_1 \neq a_2)$ …④-2

について、この２円の方程式から x^2, y^2 の項を消去すると

$$2(a_2-a_1)x=0$$

$$a_1 \neq a_2 \text{ から } x=0$$

よって集合 H に属する円は、y 軸、すなわち直線 m を根軸とする共軸円系をなす。

集合 H を２点 F, F' を焦点とする双曲的円束という。

④-1 に $x=0$ を代入すると、$a_1{}^2+y^2=a_1{}^2-c^2$ から　$y^2=-c^2$

これを満たす実数 y は存在しない。

このことから、双曲的円束に属する円は互いに共有点を持たないことが分かる。

また円④が存在するとき $a^2-c^2>0$ から $|a|>c>0$ であり、$a>0$ のときは $a>c$ であるから、根軸 m に関し同じ側にある円④の中心 $A(a, 0)$ と焦点 $F(c, 0)$ の距離 FA は $a-c$ であり、

(円④の半径)$^2-FA^2$ は $(a^2-c^2)-(a-c)^2=2c(a-c)>0$

$a<0$ のときは $-a>c$ であるから、根軸 m に関し同じ側にある円④の中心 $A(-a, 0)$ と焦点 $F(c, 0)$ の距離 FA は $-a-c$ であり、

$$(a^2-c^2)-(-a-c)^2=-2c(a+c)>0$$

したがって、双曲的円束の円の内部には必ず焦点があることが分かる。

円④上の任意の点$P(x, y)$をとると、④から$x^2+y^2+c^2=2ax$であるから

$$FP:F'P=\sqrt{(x-c)^2+y^2}:\sqrt{(x+c)^2+y^2}$$
$$=\sqrt{2ax-2cx}:\sqrt{2ax+2cx}$$
$$=\sqrt{|a-c|}:\sqrt{|a+c|}$$

すなわち双曲的円束に属する円は、2つの焦点F, F'からの距離の比が一定である点の軌跡（アポロニウスの円）であることが分かる。

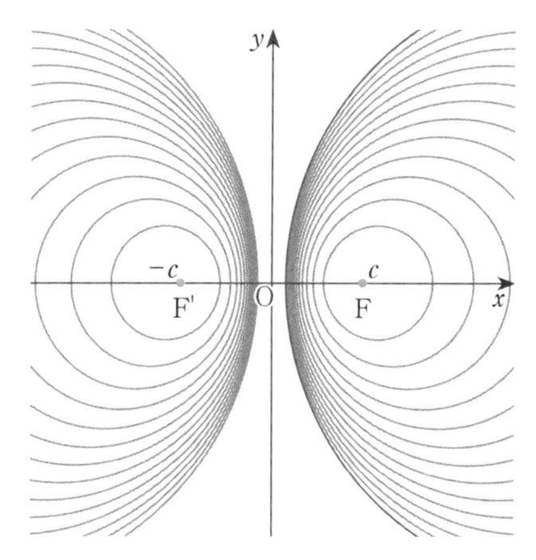

2点F'（$-c$, 0），F（c, 0）を焦点とする双曲的円束
互いに共有点を持つことはなく、円の内部には必ず焦点がある。

楕円的円束

次に２点 F, F' を通る円の集合 E を考える。

E に属する円の中心は直線 m 上にあるから、その方程式は

$x^2+(y-b)^2=b^2+c^2$ …⑤と表せる。

E に属する任意の２円

$$x^2+(y-b_1)^2=b_1{}^2+c^2,\quad x^2+(y-b_2)^2=b_2{}^2+c^2(b_1\neq b_2)$$

についてこの２円の方程式から x^2, y^2 の項を消去すると

$2(b_2-b_1)y=0\quad b_1\neq b_2$ から $y=0$

よって集合 E に属する円は、x 軸、すなわち直線 ℓ を根軸とする共軸円系をなす。

集合 E を２点 F, F' を焦点とする楕円的円束という。

円⑤上の焦点と異なる点 $P(x, y)$ をとると、⑤より

$x^2+y^2=2by+c^2$ であるから

$\overrightarrow{PF}=(c-x,\ -y)$ ，$\overrightarrow{PF'}=(-c-x,\ -y)$ より

$$\overrightarrow{PF}\cdot\overrightarrow{PF'}=(c-x)(-c-x)+y^2=-c^2+x^2+y^2=2by$$

$$\begin{aligned}|\overrightarrow{PF}||\overrightarrow{PF'}|&=\sqrt{(c-x)^2+(-y)^2}\sqrt{(-c-x)^2+(-y)^2}\\&=\sqrt{(c^2+x^2+y^2)^2-(2cx)^2}\\&=\sqrt{(2by+2c^2)^2-(2cx)^2}\\&=2\sqrt{b^2y^2+2bc^2y+c^4-c^2x^2}\\&=2\sqrt{b^2y^2+2bc^2y+c^4-c^2(2by+c^2-y^2)}\\&=2\sqrt{(b^2+c^2)y^2}\end{aligned}$$

$$=2\sqrt{b^2+c^2}\,|y|$$

よって $y \neq 0$ のとき

$$\cos\angle FPF' = \frac{\overrightarrow{PF}\cdot\overrightarrow{PF'}}{|\overrightarrow{PF}|\,|\overrightarrow{PF'}|} = \frac{2by}{2\sqrt{b^2+c^2}\,|y|} = \begin{cases} \dfrac{b}{\sqrt{b^2+c^2}} & (y>0) \\ -\dfrac{b}{\sqrt{b^2+c^2}} & (y<0) \end{cases}$$

つまり P が根軸 ℓ より上側にあるとき、$\angle FPF' = \theta$（一定）

上の θ に対し P が根軸 ℓ より下側にあるとき、

$\angle FPF' = \pi - \theta$（一定）となる。

すなわち楕円的円束に属する円は、2焦点からの見込む角 $\angle FPF'$ が一定である点の軌跡と見ることが出来る。

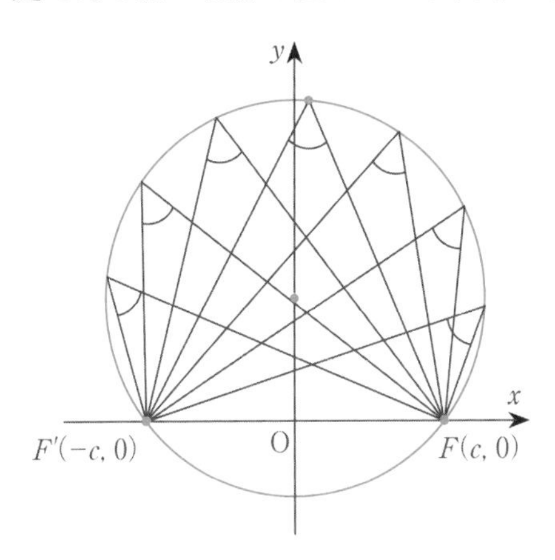

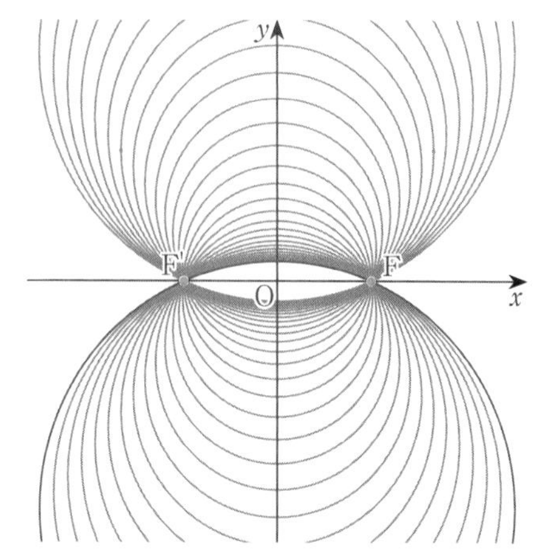

2 点 F' $(-c, 0)$，F $(c, 0)$ を焦点とする楕円的円束
2 焦点を必ず通る。

放物的円束

F、F'がそれぞれ点 O と一致するとき、$c=0$ となり、④は
$(x-a)^2+y^2=a^2$ …④′

⑤は $x^2+(y-b)^2=b^2$ …⑤′となる。④′は点 O で直線 m に接する円、⑤′は点 O で直線 ℓ に接する円を表す。

このような円の集合を O を焦点とする放物的円束という。

④′の形で表せる放物的円束に属する円の根軸は直線 m であり、⑤′の形で表せる放物的円束の根軸は直線 ℓ である。放物的円束に属する円は１つの定点 O を通る。

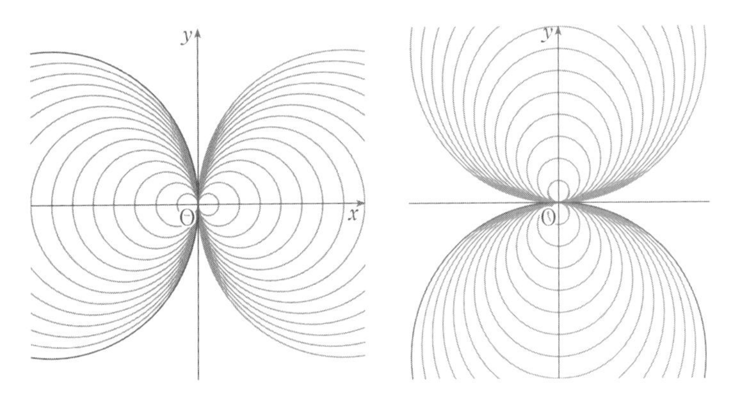

原点 O を焦点とする放物的円束
原点で根軸，中心軸に接する。

次に双曲的円束と楕円的円束の関係を考察する。

命題 1-5 焦点を共有する双曲的円束に属する円と楕円的円束に属する円は直交する。

証明 双曲的円束の中心軸を l, 根軸を m, l と m の交点をO, 双曲的円束に属する任意の円Aの中心を A, 2つの焦点のうちOに関して A と同じ側にあるものを F とする。

これと焦点を共有する楕円的円束に属する任意の円Bの中心を B とする。定義より円Bは F を通り、また F は円Aの内部にあるので、円A，Bは2点で交わる。その交点の1つを P とすると、

$$BP^2 = BF^2 = OF^2 + OB^2 \cdots ①$$

また O から円Aに接線を引き、接点を T とすると、円Aに関する点 O の方べきの値は OF^2 に等しいから、

$$OA^2 - AT^2 = OF^2$$

$$\therefore AP^2 = AT^2 = OA^2 - OF^2 \quad \cdots ②$$

①，②より

$$AP^2 + BP^2 = (OA^2 - OF^2) + (OF^2 + OB^2) = OA^2 + OB^2 = AB^2$$

したがって∠$APB = 90°$。このことは円A，Bが直交することを示している。（終）

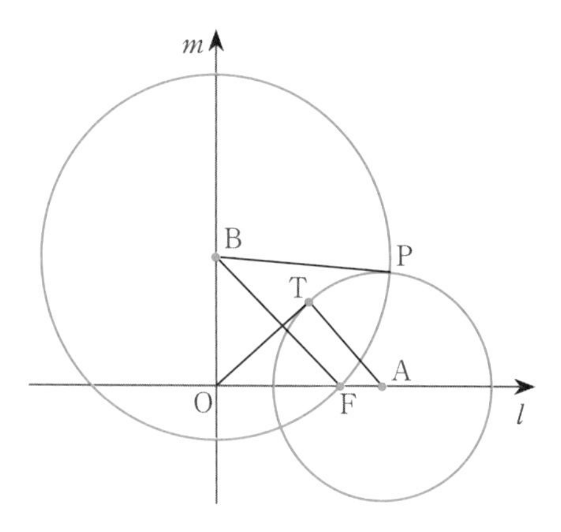

次のように座標を用いても証明できる。

命題 1-5 の解析的証明　上述の2円$(x-a)^2 + y^2 = a^2 - c^2$ …④，$x^2 + (y-b)^2 = b^2 + c^2$ …⑤が直交することを示せばよい。定義より円⑤は焦点を通り、また焦点は円④の内部にあるので、円④，⑤は2点で交わる。交点を$P(x_1, y_1)$　④，⑤の中心をそれぞれ$A(a, 0)$，B　$(0, b)$とすると

Pは円④上にあるから、$AP^2 = (x_1 - a)^2 + y_1{}^2 = a^2 - c^2$

Pは円⑤上にあるから、$BP^2 = x_1{}^2 + (y_1 - b)^2 = b^2 + c^2$

$$\therefore AP^2 + BP^2 = a^2 + b^2$$

一方 $AB^2 = a^2 + b^2$

$$\therefore AP^2 + BP^2 = AB^2$$

したがって $\angle APB = 90^\circ$ である。このことは２円④，⑤が直交することを示している。（終）

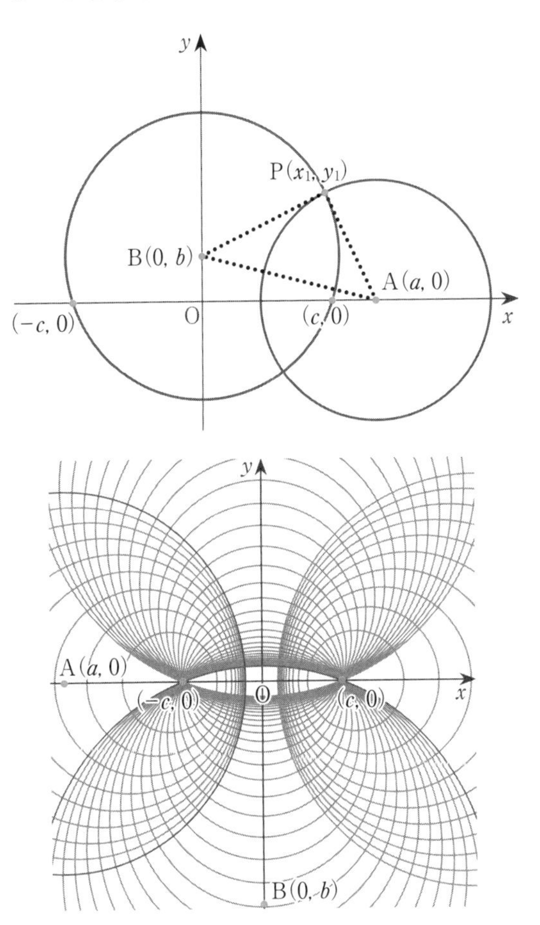

点 O で直線 m に接する円④′からなる放物的円束に属する円と、点 O で直線 ℓ に接する円⑤′からなる放物的円束に属する円も、同様の議論から直交することが分かる。

この章では2円の方程式の差をとって得られる1次方程式が表す直線を統一的に解釈するために方べきの値を考え、その直線を根軸と呼んだ。さらに根軸を共有する円の集合として円束というものを考えて円束は3種類に分類できることを知った。

円束についてさらに深く考察するために、次章では反転、極と極線を中心に学び、円という図形の持つ美しさ、不思議さにより一層迫っていく。

第 2 章

反転・極と極線

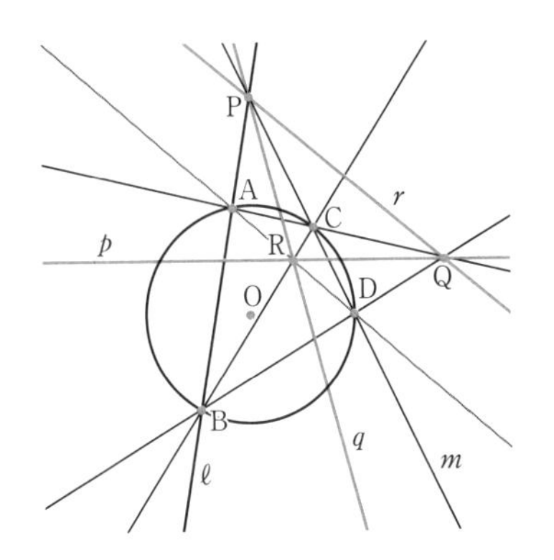

1 反転

円束についてさらに深く考察するために、反転と呼ばれる写像を考える。後に述べる円束の構成において、反転はその威力を発揮するが、円束に限らず平面幾何全般において、反転を用いると、それを用いない場合よりも証明の見通しが良くなることが少なくない。この章ではまずこの反転についての基本性質を述べる。

平面 E^2 上に、点 O を中心とする半径 r の定円 $O(r)$ を考える。E^2 上の O と異なる任意の点 P に対し、直線 OP 上に、$OP \cdot OP' = r^2$ を満たす点 P' を対応させる写像 $\varphi(P) = P'$ を円 $O(r)$ に関する**反転**という。このとき円 $O(r)$ を反転円といい、点 O を反転の中心という。

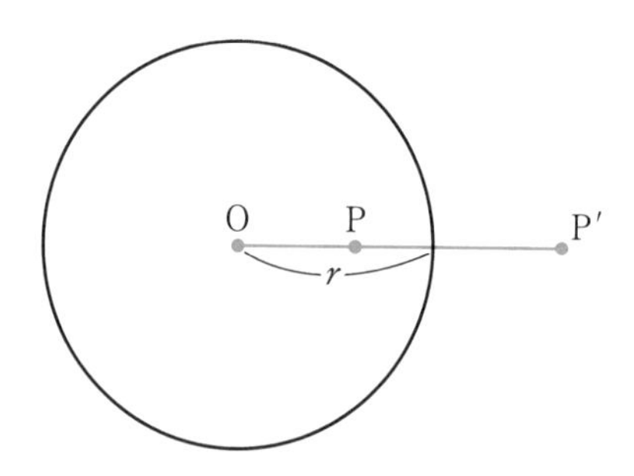

点 P が反転の中心 O に限りなく近づくと、像 P' は半直線 OP 上の O から限りなく遠い点になる。逆に点 P が半直線 OP 上の

Oから限りなく遠い点であるとき、像P'は反転の中心Oに限りなく近づく。そこでE^2にはない無限遠点と呼ばれる仮想の点O_∞を考え、$\varphi(O)=O_\infty$, $\varphi(O_\infty)=O$と定義すると、反転φは$E^2\cup\{O_\infty\}$から$E^2\cup\{O_\infty\}$への１対１の写像になる。

反転像の作図は次のように行う。

１．点Pが円$O(r)$の外部にあるとき

Pを通る円$O(r)$の２本の接線を引き、接点をS, Tとする。２直線OP, STの交点Qが点Pの反転像である。

なぜなら$\triangle OPS$, $\triangle OSQ$において、円の接線は接点を通る半径に垂直であり、接点S, Tは直線OPに関し対称であるから$\angle OSP=\angle OQS=90^\circ$, $\angle SOP=\angle QOS$（共通）より２組の角がそれぞれ等しいから$\triangle OPS \backsim \triangle OSQ$

$\therefore OP:OS=OS:OQ$すなわち$OP\cdot OQ=r^2$が成り立つ。

このとき直線STを円$O(r)$に関する点Pの極線という。また点Pを円$O(r)$に関する直線STの極という。つまりPの

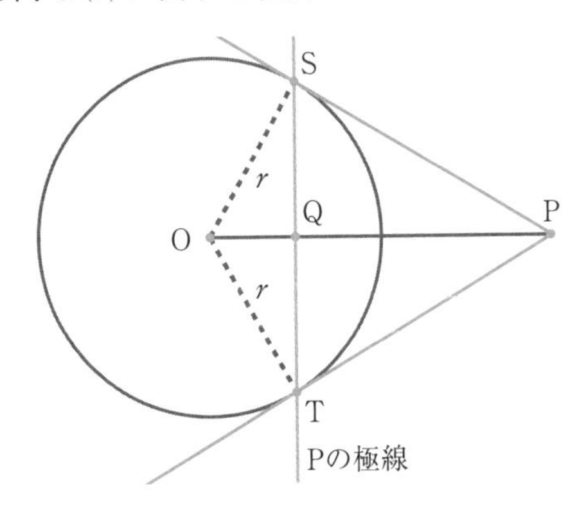

極線とは2接点 S, T を通る直線である。

2．点 P が円 $O(r)$ の周上にあるとき

定義から点 P の反転像は P と一致する。

3．点 P が円 $O(r)$ の内部にあり、点 O と異なるとき

P を通る直線 OP の垂線を引き、円 $O(r)$ との交点を S, T とする。S, T を接点とする円 $O(r)$ の接線を引き、交点を Q とする。以下のようにして Q は P の反転像であることが分かる。

$\triangle OPS,\ \triangle OPT$ において

$\angle OPS = \angle OPT = 90^\circ$ …①，$OS = OT$（半径）…②，

OP 共通 …③

①，②，③より直角三角形の斜辺と他の1辺がそれぞれ等しいから

$\triangle OPS \equiv \triangle OPT \quad \therefore PS = PT$ …④

$\triangle QSP$ と $\triangle QTP$ において

$QS = QT$（接線の性質）…⑤　QP 共通 …⑥

④，⑤，⑥より3辺がそれぞれ等しいから

$\triangle QSP \equiv \triangle QTP \quad \therefore \angle SPQ = \angle TPQ$

$\angle SPQ + \angle TPQ = 180^\circ$ より $\angle SPQ = \angle TPQ = 90^\circ$ …⑦

①，⑦より3点 O, P, Q は1直線上にある。

$\triangle OPS,\ \triangle OSQ$ において

接線の性質と①より $\angle OPS = \angle OSQ = 90^\circ$，

$\angle SOP = \angle QOS$（共通）

２組の角がそれぞれ等しいから$\triangle OPS \backsim \triangle OSQ$

$\therefore OP : OS = OS : OQ$ より　$OP \cdot OQ = OS^2 = r^2$

このとき点Qを通り直線OPに垂直な直線lを円$O(r)$に関する点Pの極線という。また点Pを円$O(r)$に関する直線lの極という。

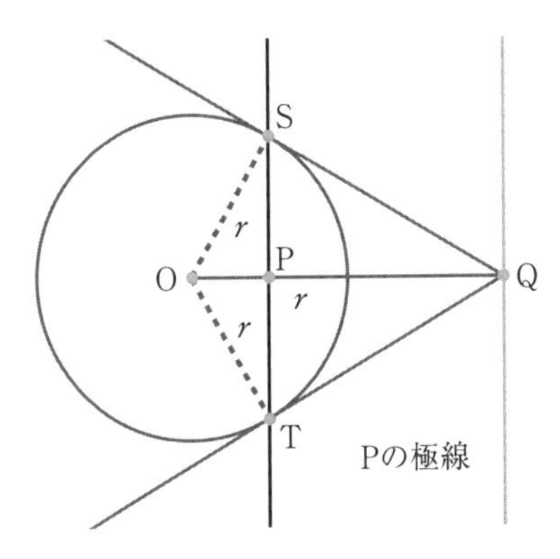

４．点Pが点Oと一致するとき

Pの反転像は無限遠点O_∞である。

なお２の場合、点Pの極線は点Pにおける円$O(r)$の接線であると定める。

反転の性質

定義から明らかなように、反転φに対し、

１．$\varphi \circ \varphi$は恒等写像である。

2．反転円上の点 P について $\varphi(P)=P$、すなわち反転円上の点は不動点である。

3．$\varphi(P)=Q \Leftrightarrow \varphi(Q)=P$

反転 φ は $E^2 \cup \{O_\infty\}$ から $E^2 \cup \{O_\infty\}$ への1対1の写像であるから、性質3は点についてだけではなく、$E^2 \cup \{O_\infty\}$ 上の図形についても成り立つ。すなわち $E^2 \cup \{O_\infty\}$ 上の図形 C, D について、

3′．$\varphi(C)=D \Leftrightarrow \varphi(D)=C$

次に反転による不動曲線について考える。

命題 2-1 円 $O(r)$ に関する反転 φ について、円 $O(r)$ 上にない O と異なる点 P をとり、$\varphi(P)=Q$ とする。

このとき2点 P, Q を通る円 C は円 O と直交する。

逆に円 $O(r)$ と直交する円 C があり、中心 O を通り円 C と交わる直線を引き、交点を P, Q とすると、$\varphi(P)=Q$ となる。

証明 O と異なる円 $O(r)$ 上にない点 P をとり、$\varphi(P)=Q$ とする。

2点 P, Q 通る円 C と円 $O(r)$ の交点の1つを T とすると、

$$OP \cdot OQ = r^2 = OT^2$$

したがって方べきの定理の逆より、OT は円 C の接線であり、円 C の中心を C とすれば $\angle OTC=90°$

ゆえに円 C は円 O と直交する。

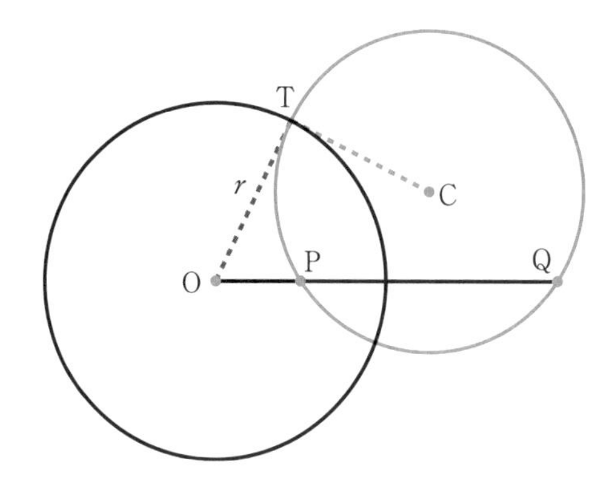

逆に円 $O(r)$ と直交する円 C があるとき、交点の１つを T とし、中心 O を通り円 C と交わる直線を引き、交点を P, Q とすると、$\angle OTC=90^\circ$ であるから、OT は円 C の接線である。

したがって方べきの定理より、$OP \cdot OQ = OT^2 = r^2$

ゆえに $\varphi(P)=Q$ （終）

この命題から、円 $O(r)$ に関する反転 φ の不動曲線が分かる。

系２−１　円 $O(r)$ に直交する円は、円 $O(r)$ 関する反転 φ の不動曲線である。

次に反転により線分の長さがどう変化するかを見る。

命題 2-2　円 $O(r)$ に関する反転 φ について、O と異なる２点 A, B の像を $A'=\varphi(A)$, $B'=\varphi(B)$ とすると

$A'B'=\dfrac{r^2}{OA \cdot OB} \cdot AB$ が成り立つ。

証明　ⅰ）O, A, B が１直線上にないとき

$\triangle OAB$, $\triangle OB'A'$ において

$OA \cdot OA' = OB \cdot OB' = r^2$ より $\dfrac{OA}{OB'} = \dfrac{OB}{OA'}$

$\angle AOB = \angle B'OA'$（共通）

２組の辺の比が等しく、その間の角が等しいから

$$\triangle OAB \backsim \triangle OB'A'$$

$\therefore \dfrac{OA}{OB'} = \dfrac{AB}{B'A'}$ から　$A'B' = \dfrac{OB' \cdot AB}{OA}$

一方 $OB' = \dfrac{r^2}{OB}$ であるから、$A'B' = \dfrac{r^2}{OA \cdot OB} \cdot AB$

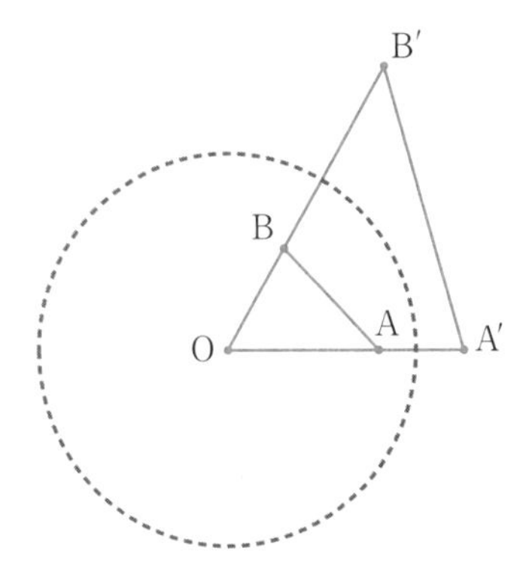

ⅱ）O, A, B が１直線上にあるとき

$$A'B' = |OB' - OA'| = \left| \frac{r^2}{OB} - \frac{r^2}{OA} \right| = \left| \frac{r^2(OA - OB)}{OA \cdot OB} \right|$$

$$= \frac{r^2}{OA \cdot OB} \cdot AB$$

となる。　　　　(終)

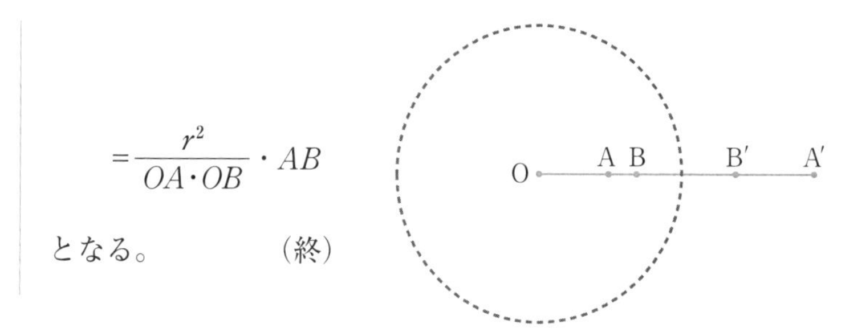

そして次の定理は重要である。

定理 2-1

(反転による直線、円の像)

原点を中心とする円 $O(r)$ に関する反転 φ について、

1．O を通る直線は O を通る同じ直線に移る。

2．O を通らない直線は O を通る円に移る。この円の点 O における接線はもとの直線に平行である。

3．O を通る円は O を通らない直線に移る。もとの円の点 O における接線は移った直線に平行である。

4．O を通らない円は O を通らない円に移る。

反転により原点は無限遠点に移る。この定理は、原点を通る直線・円は反転により無限遠点を含む図形、すなわち直線に移り、無限遠点を含む図形、すなわち直線は反転により原点を通る直線・円に移ることを意味している。以下定理を証明する。

証明

1．反転の定義から明らかである。

2．反転の中心Oを通らない任意の直線をℓとする。Oからℓに下ろした垂線の足をAとし、ℓ上のAと異なる任意の点をPとする。

$\varphi(A)=A'$, $\varphi(P)=P'$とおくと$OA\cdot OA'=OP\cdot OP'=r^2$ …①

$\triangle OAP$と$\triangle OP'A'$において、

①より　$\dfrac{OA}{OP'}=\dfrac{OP}{OA'}$,　$\angle AOP=\angle P'OA'$（共通）

２組の辺の比が等しく、その間の角が等しいから

$$\triangle OAP \backsim \triangle OP'A'$$

$\therefore \angle PAO=\angle A'P'O$　　$\angle PAO=90°$より$\angle A'P'O=90°$

したがってP'はOA'を直径とする円上にあり、OA'が直径であることからOにおけるこの円の接線はℓに平行である。　　　　　　　　　　　　　　　　　（終）

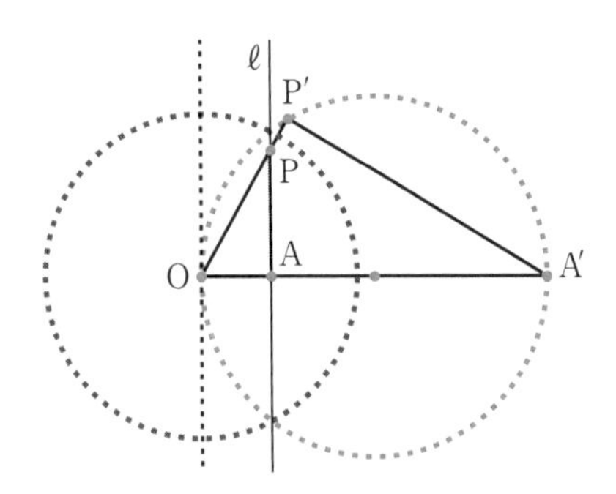

3．反転の中心Oを通る任意の円の中心をCとし、直線OC

と円Cの交点のうちOと異なるものをAとする。円C上のOと異なる任意の点Pをとり、$\varphi(A)=A'$, $\varphi(P)=P'$とおくと、

$OA\cdot OA'=OP\cdot OP'=r^2$ …①

$\triangle OAP$と$\triangle OP'A'$において、

①より$\dfrac{OA}{OP'}=\dfrac{OP}{OA'}$,　$\angle AOP=\angle P'OA'$（共通）

２組の辺の比が等しく、その間の角が等しいから

$$\triangle OAP \backsim \triangle OP'A'$$

$\therefore \angle OPA=\angle OA'P'$　OAは円Cの直径であるから

$\angle OPA=90°$　したがって$\angle OA'P'=90°$

ゆえにP'はA'を通る直線OCの垂線上にある。この垂線は円Cの点Oにおける接線に平行である。

またこのとき２円O, Cの交点をQ, Rとすると、$\varphi(Q)=Q$、$\varphi(R)=R$であるから、A'は直線QR上にある。すなわち円Cの像は直線QRであることが分かる。　（終）

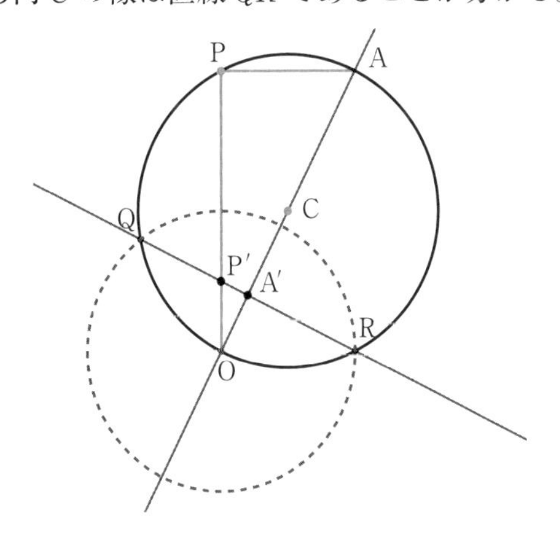

4の証明の前に、次の補題を確認しておく。

補題　Oを定点、kを定数とする。E^2上の図形Cを考え、点PがC上を動くとき、$OP'=kOP$によって定められる点P'の軌跡をC'とする。このとき図形C, C'はOを中心として相似の位置にある。

図形C'は点Oを中心にして図形Cをk倍に拡大したものであるから、この補題が成り立つことは明らかである。

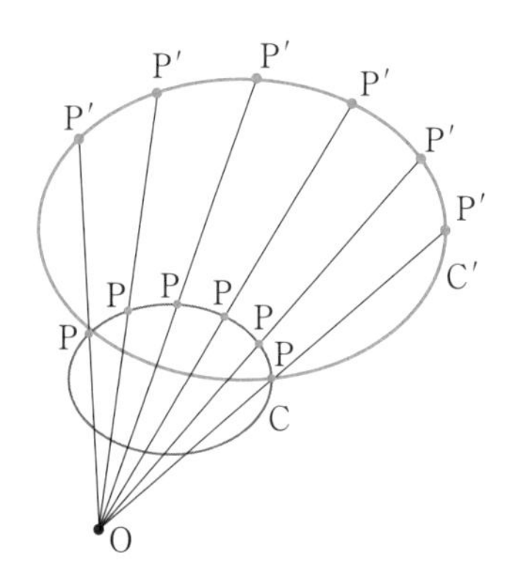

4．の証明

反転の中心Oを通らない円をCとし、円C上に点Pをとる。直線OPと円Cとの共有点のうち、Pと異なるものをQとする。共有点が1つのときは$Q=P$, とする。

$\varphi(P)=P'$とすると、

$$OP \cdot OP'=r^2$$

また方べきの定理より、$OP \cdot OQ=k$（一定）…＊

$$\therefore OP'=\frac{r^2}{k}OQ$$

Pが円C上のすべての点を動くとき、Qも円C上のすべての点を動き、補題よりP'はOを中心として円Cと相似の位置にある円C'上を動く。（終）

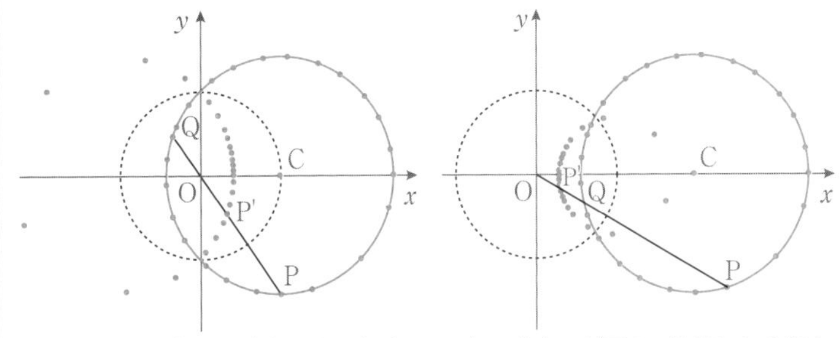

反転の中心Oが円Cの内部にある場合　反転の中心Oが円Cの外部にある場合

注意1　上の証明の＊において、P.14で述べたように方べきの値は向きも考えて正負の区別をする。反転の中心Oが円Cの内部にあるときは$k<0$、円Cの外部にあるときは$k>0$となる。

注意2　一般的に円Cが反転によって円C'に移るとき、円Cの中心は円C'の中心に移されるわけではない。例えば4の場合、円Cの中心Cは、円C'に関する点Oの極線とOCの交点Nに移される。以下このことを証明しておく。

4の証明より、2円C, C'は、Oを中心として相似の位置にあるから、P.56の図のようにOを通る共通接線OST, OUVが引ける。ここでS, T, U, Vはそれぞれの円における接点である。そして直線SUは円C'に関する点Oの極線である。極線SU

と直線 OC の交点を N とすると、$OS=OU$ から $\angle SNC=90°$、接線の性質から $\angle STC=90°$ であるから、四角形 $SNCT$ は円に内接する。この円を D とおくと円 D において方べきの定理より、

$$ON \cdot OC = OS \cdot OT \cdots ①$$

直線 OST は反転 φ の中心 O を通るから φ の不動直線である。したがって、$\varphi(T)$ は直線 OST 上にある。また T は円 C 上にあるから、$\varphi(T)$ は円 C' 上にある。ゆえに $\varphi(T)=S$ である。したがって $OS \cdot OT = r^2 \cdots ②$

①②より $ON \cdot OC = r^2$、したがって $N=\varphi(C)$ である。（終）

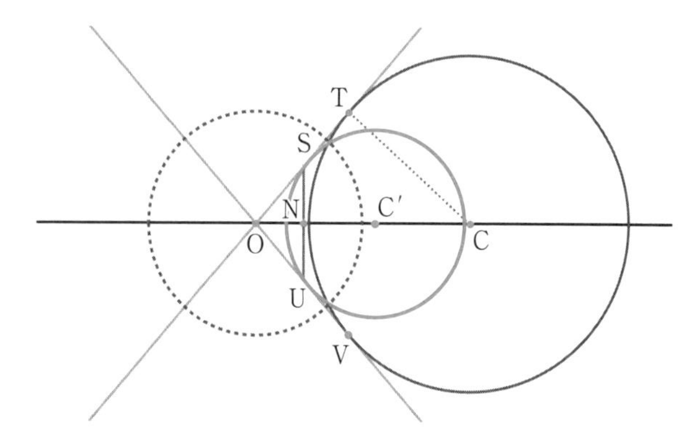

この定理 2-1 は解析的な手法によっても鮮やかに証明できる。以下それを記す。

定理 2-1 の解析的証明

まず証明の為の準備をしておく。

方程式 $a(x^2+y^2)-2px-2qy+b=0$ …①で表される図形 C を考える。

$a=0$ かつ p と q がともに 0 でないとき①は直線を表し、$a\neq0$ かつ $p^2+q^2-ab>0$ のとき①は円を表す。

$P(x, y)$, $\varphi(P)=P'$, $P'(X, Y)$ とすると反転の定義から

$$\overrightarrow{OP}=k\overrightarrow{OP'},\quad k>0\qquad |\overrightarrow{OP}||\overrightarrow{OP'}|=r^2$$

よって $(x, y)=k(X, Y)$, $\sqrt{x^2+y^2}\sqrt{X^2+Y^2}=r^2$ から、

$$(x, y)=\left(\frac{r^2X}{X^2+Y^2}, \frac{r^2Y}{X^2+Y^2}\right)$$

これを①に代入して

$$a\left(\left(\frac{r^2X}{X^2+Y^2}\right)^2+\left(\frac{r^2Y}{X^2+Y^2}\right)^2\right)-2p\frac{r^2X}{X^2+Y^2}-2q\frac{r^2Y}{X^2+Y^2}+b=0$$

整理して　$b(X^2+Y^2)-2pr^2X-2qr^2Y+ar^4=0$ …②

方程式②で表される図形を C' とすると、$\varphi(C)=C'$ であり $b=0$ かつ p と q がともに 0 でないとき②は直線を表し、$b\neq0$ かつ $p^2+q^2-ab>0$ のとき②は円を表す。

これで準備は整った。この上で定理2-1、1～4の証明は以下のようになる。

1．$a=0$ かつ $b=0$ であり、p と q がともに 0 でないとき

図形 C, C' はともに原点 O を通る直線になる。①は $-2px-2qy=0$、②は $-2pr^2X-2qr^2Y=0$ となることから、直線 C, C' は一致する。

2．$a=0$ かつ $b\neq 0$ であり、p と q がともに 0 でないとき

図形 C は O を通らない直線となり、$p^2+q^2-ab=p^2+q^2>0$ より C' は O を通る円になる。

①は $-2px-2qy+b=0$　② は $b(X^2+Y^2)-2pr^2X-2qr^2Y=0$ となることから、円 C' の中心を C' としたとき $\overrightarrow{OC'}$ は直線 C の法線ベクトルと等しくなる。よって O における円 C' の接線は直線 C と平行である。

3．$a\neq 0$ かつ $b=0$ であり、p と q がともに 0 でないとき

$p^2+q^2-ab=p^2+q^2>0$ より図形 C は O を通る円になり、C' は O を通らない直線になる。

①は $a(x^2+y^2)-2px-2qy=0$、②は $-2pr^2X-2qr^2Y+ar^4=0$ となることから、円 C の中心を C としたとき $\overrightarrow{OC}$ は直線 C' の法線ベクトルと等しくなる。よって O における円 C の接線は直線 C' と平行である。

4．$a\neq 0$ かつ $b\neq 0$ であり、かつ $p^2+q^2-ab>0$ のとき

図形 C, C' はともに原点 O を通らない円になる。

以上より題意は証明された。　(終)

直線は半径無限大の円と考えることができる。このように考えることにより、円の集合と直線の集合の和集合を「広義の円」と呼ぶことにする。定理 2-1 から反転は広義の円を広義の円に移すことが分かる。

直線と円が共有点をもつとき、この直線と円の「なす角」とは共有点における円の接線と直線のなす角を指す。特に直線が円の中心を通るとき、直線と円は直交する。また２円が共有点をもつとき、この２円の「なす角」とは共有点におけるそれぞれの円の接線のなす角を指す。２円のなす角が直角であるとき、２円は直交する。反転には広義の２円のなす角を保存するという性質がある。

定理 2-2

２直線 ℓ_1, ℓ_2 のなす角は、反転によるそれらの像 ℓ'_1, ℓ'_2 のなす角に等しい。

証明　円 $O(r)$ に関する反転 φ について証明する。

１．直線 ℓ_1, ℓ_2 がともに反転の中心 O を通るとき

ℓ_1, ℓ_2 は、φ の不動直線であるから明らかに定理は成り立つ。

２．直線 ℓ_1, ℓ_2 のうち一方だけが反転の中心 O を通るとき

ℓ_1 が O を通るとすると、ℓ_1 の像 ℓ_1' は ℓ_1 自身、ℓ_2 の像 ℓ_2' は O を通る円である。そして定理2-1-2より円 ℓ_2' の点 O における接線を ℓ とすると、ℓ は ℓ_2 に平行である。

2−*a*.　直線 ℓ_1, ℓ_2 が平行であるとき

ℓ_1 と ℓ_2 のなす角は0、ℓ_1 は O を通り ℓ_2 と平行である。したがって ℓ_1 すなわち ℓ_1' は ℓ と一致するので、ℓ_1' と ℓ の

なす角も0である。

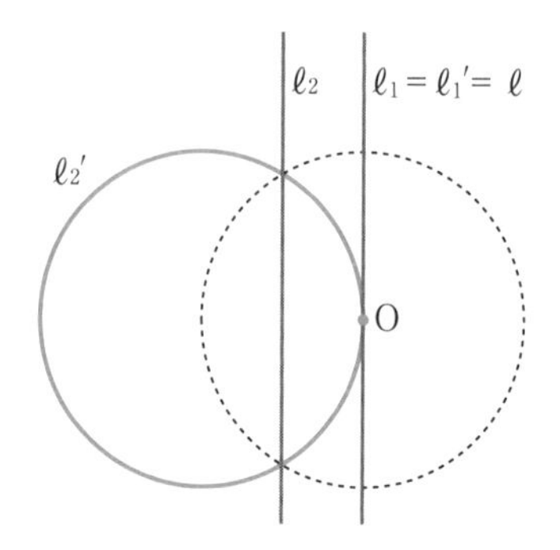

$2-b$. 直線ℓ_1, ℓ_2が平行でないとき

ℓ_1とℓ_2の交点をA, $\varphi(A)=A'$とおくと、Aは直線ℓ_2上にあるからA'は円ℓ_2'にある。またAは直線ℓ_1上にあるから、A'は直線$\ell_1=\ell_1'$上にある。つまりA'は円ℓ_2'と直線$\ell_1=\ell_1'$の交点のうち、Oと異なる方である。

$\ell_1=\ell_1'$とℓ_2（またはℓ）のなす角のうち大きくない方をαとおき、円ℓ_2'の点A'における接線をℓ'とすると、円外の1点から円に引いた2本の接線の長さは等しいことから、ℓ'と$\ell_1=\ell_1'$のなす角もαに等しいことが分かる。

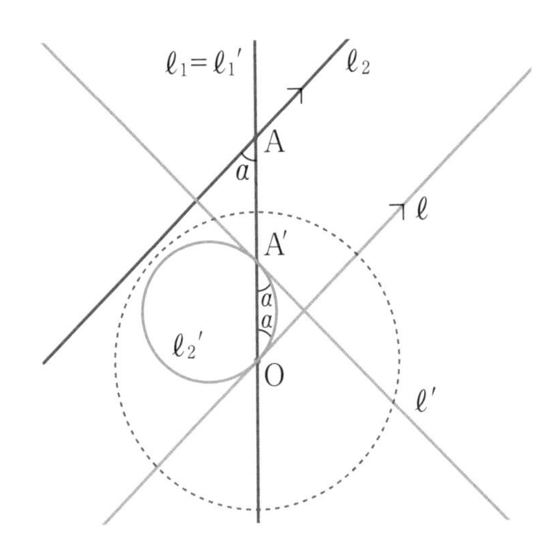

3．直線 ℓ_1, ℓ_2 がともに反転の中心 O を通らないとき

3−a. 直線 ℓ_1, ℓ_2 が平行であるとき

ℓ_1 と ℓ_2 のなす角は 0、定理 2-1-2 より円 ℓ_1'、円 ℓ_2' はともに点 O を通り、円 ℓ_1'、円 ℓ_2' は点 O において、ℓ_1, ℓ_2 と平行な共通接線 ℓ' をもつ。よって ℓ_1'、ℓ_2' のなす角も 0 である。

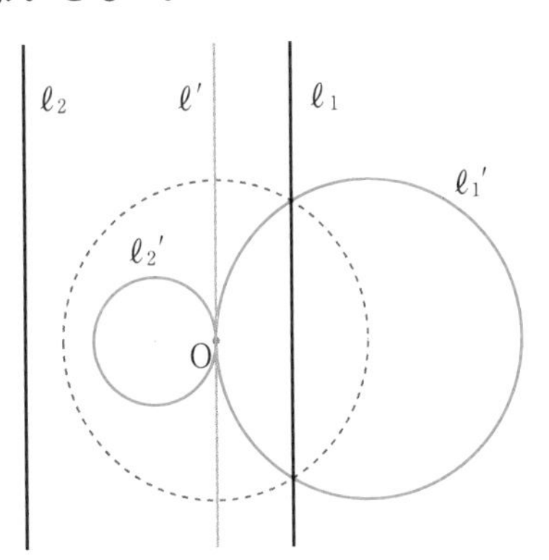

3−b. 直線ℓ_1, ℓ_2が平行でないとき

定理2-1-2より円ℓ_1'、円ℓ_2'はともに点Oを通り、円ℓ_1'、円ℓ_2'の点Oにおける接線をそれぞれℓ', m'とすると、$\ell_1 // \ell'$, $\ell_2 // m'$である。したがってℓ_1とℓ_2のなす角はℓ'とm'のなす角に等しい。以上より題意は証明された。　(終)

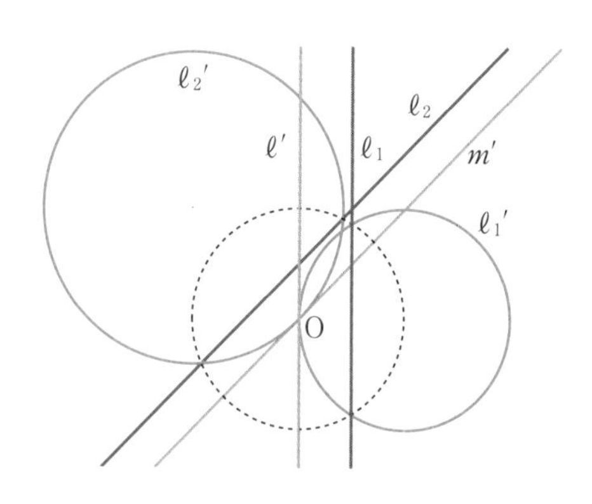

定義　(2円のなす角・円と直線のなす角)

・交わる2円があるとき、その交点における2円の接線のなす角を、2円のなす角という。

・円と直線が交わるとき、その交点における円の接線と直線のなす角を、円と直線のなす角という。

系2−1

・交わる2円C_1, C_2のなす角は、反転によるそれらの像C_1', C_2'のなす角に等しい。

・交わる円C, 直線ℓのなす角は、反転によるそれらの像C',

ℓ'のなす角に等しい。

反転φは$E^2 \cup \{O_\infty\}$から$E^2 \cup \{O_\infty\}$への1対1の写像であるから、2つの図形CとDの共有点の個数がmであれば、その反転像$\varphi(C)$と$\varphi(D)$の共有点の個数もmである。そしてCとDが接していれば、$\varphi(C)$と$\varphi(D)$も接している。すなわち

命題2-3　反転によって、接する、接していないという状態は変わらない。

反転の性質を用いると、平面幾何の定理や作図法が、かなり簡潔に証明できる場合がある。その例をいくつか挙げる。

反転の利用

例2−1　正三角形ABCの外接円のAを含まない弧BC上に点Pをとるとき、$AP=BP+PC$が成り立つ。

証明　Aを中心とする半径rの円による反転をφとする。

$\varphi(B)=B'$, $\varphi(C)=C'$, $\varphi(P)=P'$とおく。定理2-1-3より反転の中心Aを通る円である正三角形ABCの外接円はφによりAを通らない直線ℓに移る。よって点B', P', C'はこの順で直線ℓ上にあり、$B'C'=B'P'+P'C'$ …①が成り立つ。

一方命題2-2より、

$$B'C'=\frac{r^2}{AB\cdot AC}BC,\ B'P'=\frac{r^2}{AB\cdot AP}BP,\ P'C'=\frac{r^2}{AP\cdot AC}PC$$

であるから、これらを①に代入して、

$$\frac{r^2}{AB\cdot AC}BC=\frac{r^2}{AB\cdot AP}BP+\frac{r^2}{AP\cdot AC}PC$$

両辺に $\dfrac{AB\cdot AC\cdot AP}{r^2}$ をかけて、$AP\cdot BC=AC\cdot BP+AB\cdot PC$

$BC=AC=AB$ であるから、$AP=BP+PC$ （終）

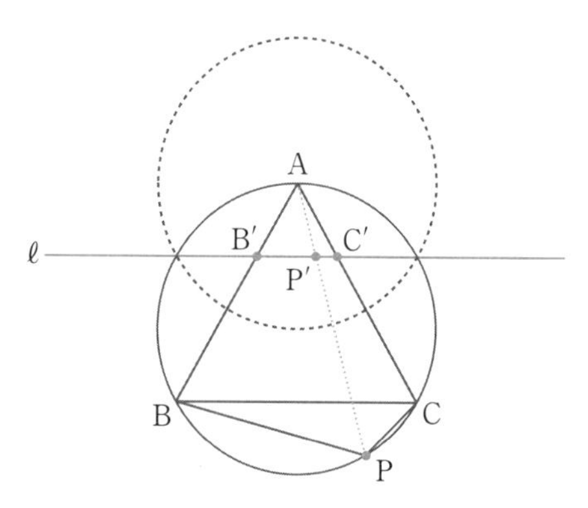

次にトレミーの定理である。通常トレミーの定理というと、円に内接する四角形において考えるのが普通であるが、一般の四角形にも拡張できる。

定理 2-3（トレミーの定理）

四角形 $ABCD$ において、$AB\cdot CD+AD\cdot BC\geqq AC\cdot BD$

（等号成立は四角形 $ABCD$ が円に内接するとき）

証明 A を中心とする半径 r の円に関する反転 φ を考え、$B'=\varphi(B), C'=\varphi(C), D'=\varphi(D)$ とする。

命題2-2より

$$B'C'=\frac{r^2}{AB\cdot AC}\cdot BC,\ C'D'=\frac{r^2}{AC\cdot AD}\cdot CD,\ B'D'=\frac{r^2}{AB\cdot AD}\cdot BD$$

ⅰ）4点A, B, C, Dが同一円周上にあるとき

この円をℓとすると、ℓは反転φの中心を通るから、定理2-1-3より、その像$\ell'=\varphi(\ell)$はAを通らない直線となる。

B', C', D'はこの順に直線ℓ'にあるから、$B'C'+C'D'=B'D'$

したがって命題2-2より、

$$\frac{r^2}{AB\cdot AC}\cdot BC+\frac{r^2}{AC\cdot AD}\cdot CD=\frac{r^2}{AB\cdot AD}\cdot BD$$

両辺に$\dfrac{AB\cdot AC\cdot AD}{r^2}$をかけて$AD\cdot BC+AB\cdot CD=AC\cdot BD$

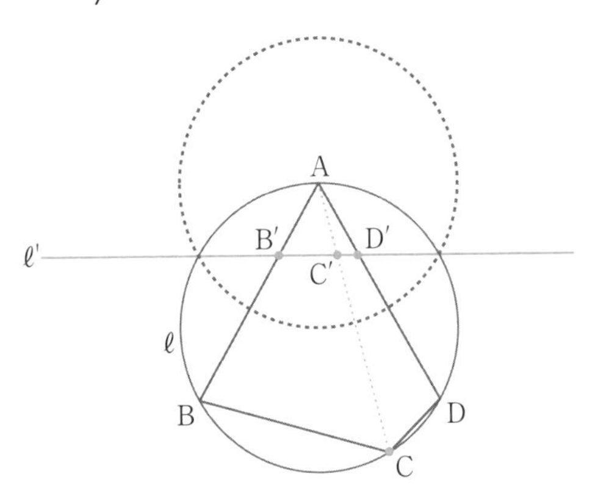

ⅱ）4点A, B, C, Dが同一円周上にないとき

3点B, C, Dを通る円をmとすると、mは反転φの中心を通らないから、定理2-1-4より、その像$m'=\varphi(m)$はAを通

らない円となる。B', C', D' は円 m' にあるから、

$B'C'+C'D'>B'D'$

$$\therefore \frac{r^2}{AB \cdot AC} \cdot BC+\frac{r^2}{AC \cdot AD} \cdot CD>\frac{r^2}{AB \cdot AD} \cdot BD$$

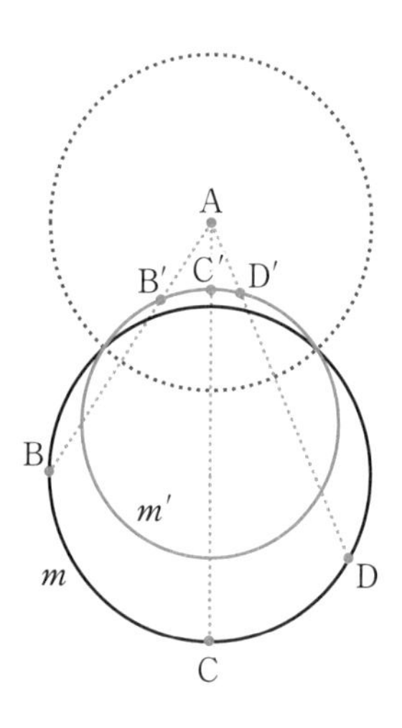

両辺に $\dfrac{AB \cdot AC \cdot AD}{r^2}$ をかけて $AD \cdot BC+AB \cdot CD>AC \cdot BD$

ｉ）ⅱ）より定理は証明された。（終）

例2−2　$\triangle ABC$ と $\triangle ABD$ の外接円が直交するならば、$\triangle ACD$ と $\triangle BCD$ の外接円も直交する。

証明　A を中心とする反転 φ を考え（反転円の半径は任意でよい。）$\varphi(B)=B'$, $\varphi(C)=C'$, $\varphi(D)=D'$ とおく。定理2-1-3より、φ によって中心 A を通る円 ABC は A を通らない直線

$B'C'$に移され、Aを通る円ABDはAを通らない直線$B'D'$に移される。そして円ABCと円ABDが直交することから定理2-2、系2-1より、直線$B'C'$と直線$B'D'$も直交する。すなわち

$\angle C'B'D'=90°$ …①

また定理2-1-3, 2-1-4よりφによって中心Aを通る円ACDはAを通らない直線$C'D'$に移され、中心Aを通らない円BCDは円$B'C'D'$に移される。①より円$B'C'D'$の直径は$C'D'$であるから、直線$C'D'$と円$B'C'D'$は直交する。定理2-1、系2-1より反転は角を保存するから、円ACDと円BCDも直交する。

（終）

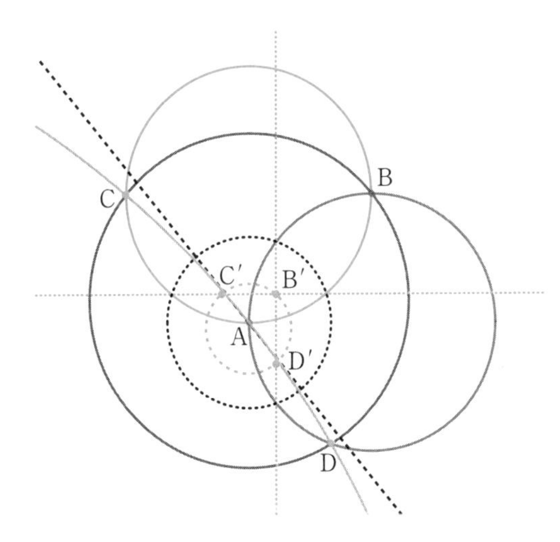

例３－１　１点Oを共有する３つの円が図のように交わっていて、図の交点をA、B、Cとする。直線OAが円OBC

の中心を通り、直線 OB が円 OCA の中心を通るならば、直線 OC は円 OAB の中心を通る。

証明 O を中心とする反転 φ を考え（反転円の半径は任意でよい。$\varphi(A)=A'$, $\varphi(B)=B'$, $\varphi(C)=C'$ とおく。定理 2-1-3 より、φ によって中心 O を通る円 OAB は O を通らない直線 $A'B'$ に移され、O を通る円 OBC は O を通らない直線 $B'C'$ に移され、O を通る円 OCA は O を通らない直線 $C'A'$ に移される。また直線 OA, OB, OC はそれぞれ OA'、OB'、OC' すなわち自分自身に移される。仮定より直線 OA と円 OBC、直線 OB と円 OCA はそれぞれ直交するから定理 2-2、系 2-1 より、$OA' \perp B'C'$, $OB' \perp C'A'$ である。したがって O は $\triangle A'B'C'$ の垂心である。ゆえに $OC' \perp A'B'$ となり、直線 OC と円 OAB は直交する。よって題意は証明された。（終）

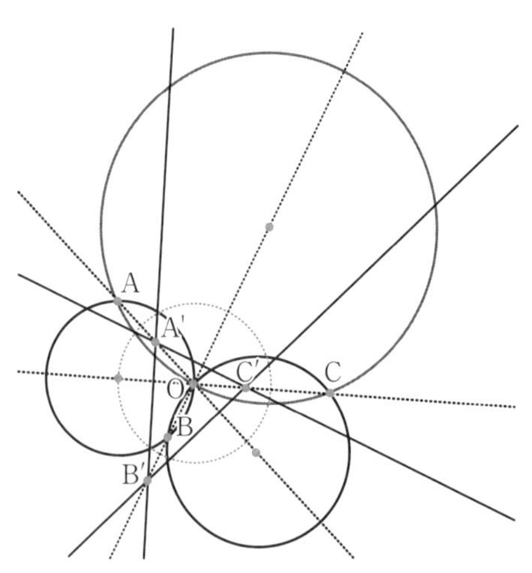

例２－４　２円 C_1, C_2 とその外部にある１点 A が与えられている。ただし C_1, C_2 の一方は他方に含まれていないとする。このとき点 A を通り２円 C_1, C_2 に接する円を描くにはどのようにすればよいか。

［解法］　A を中心とする半径 r の円による反転を φ とする。

$\varphi(C_1)=C_1{}'$, $\varphi(C_2)=C_2{}'$ とすると、定理2-1-4より反転の中心 A を通らない円は φ により A を通らない円に移るから、$C_1{}'$, $C_2{}'$ は A を通らない円である。$C_1{}'$, $C_2{}'$ の共通接線の１つを ℓ' とし、(注＊) その接点をそれぞれ $T_1{}'$, $T_2{}'$ とする。

$\varphi(T_1{}')=T_1$、$\varphi(T_2{}')=T_2$、$\varphi(\ell')=\ell$ とおくと、点 T_1, T_2 はそれぞれ円 C_1, C_2 上にあり、定理2-1-2より反転の中心 A を通らない直線は A を通る円に移るから、ℓ は A を通る円である。また ℓ' は２円 $C_1{}'$, $C_2{}'$ に接しており、命題2-3より反転により接する接しないの関係は変わらないから、円 ℓ は２円 C_1, C_2 に T_1、T_2 で接している。すなわち ℓ が求める円である。

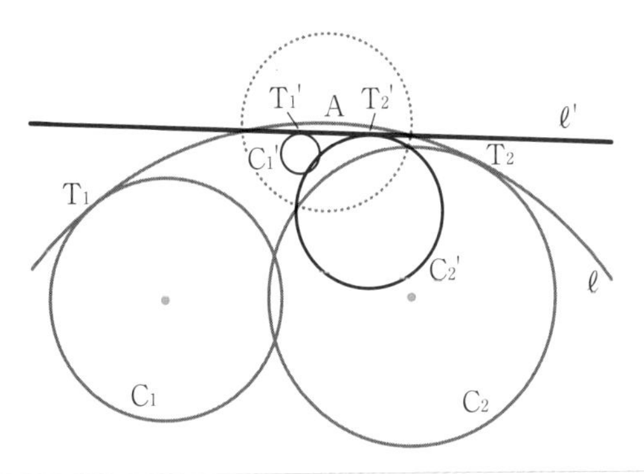

注＊：$C_1{}'$, $C_2{}'$ の位置関係により共通接線の本数は4,3,2,1のいずれかになり、それに応じて ℓ' の描き方も4通り、3通り、2通り、1通りのいずれかになる。

2 極と極線

極と極線の性質

定理 2-4

円 $O(r)$ と O と異なる２点 A,B があり、円 $O(r)$ に関する A,B の極線をそれぞれ a, b とする。

A が b 上にあるならば、B は a 上にある。

証明　２点 A, B の円 $O(r)$ に関する反転像をそれぞれ A', B' とする。

$\triangle OAB'$, $\triangle OBA'$ において

$OA \cdot OA' = OB \cdot OB' = r^2$ より $\dfrac{OA}{OB} = \dfrac{OB'}{OA'}$

$\angle AOB' = \angle BOA'$ （共通）

２組の辺の比とその間の角が等しいから、

$\triangle OAB' \backsim \triangle OBA'$　$\therefore \angle AB'O = \angle BA'O$

A が B の極線 b 上にあるならば、$\angle AB'O = 90°$

$\therefore \angle BA'O = 90°$

したがって直線 BA' は A の極線 a である。すなわち B は a 上にある。

（終）

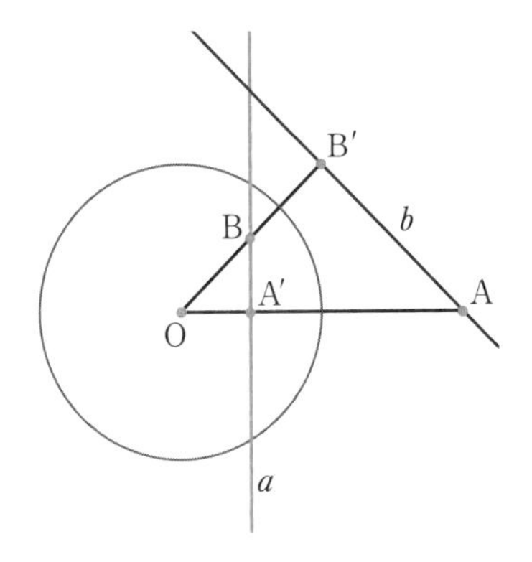

定理2-4より、円$O(r)$に関するA, Bの極線をそれぞれa, bとするとき、Aがb上にある⇔Bはa上にある

ということが分かる。2点A, Bにこの関係があるとき、2点A, Bは円$O(r)$に関し共役であるという。

系2−2 ある円に関して、いくつかの点が同一直線上にあれば、それらの点の極線は1点で交わる。

逆にいくつかの直線が1点で交われば、それらの直線の極は1直線上にある。

証明 ここでは3点、3直線について証明する。

3点A, B, Cが直線p上にあるならば、この円に関するA, B, Cの極線をa, b, c、pの極をPとしたとき、Aがp上にあるから、定理2-4よりPはa上にある。同様にBがp上にあるから、Pはb上にあり、Cがp上にあるから、Pはc上にある。したがって3極線a, b, cは1点Pで交わる。

逆に3直線 a, b, c が1点 P で交わるならば、この円に関する a, b, c の極を A, B, C、P の極線を p としたとき、P が a 上にあるから、定理2-4より A は p 上にある。同様に P が b 上にあるから、B は p 上にあり、P が c 上にあるから、C は p 上にある。したがって3点 A, B, C は直線 p 上にある。（終）

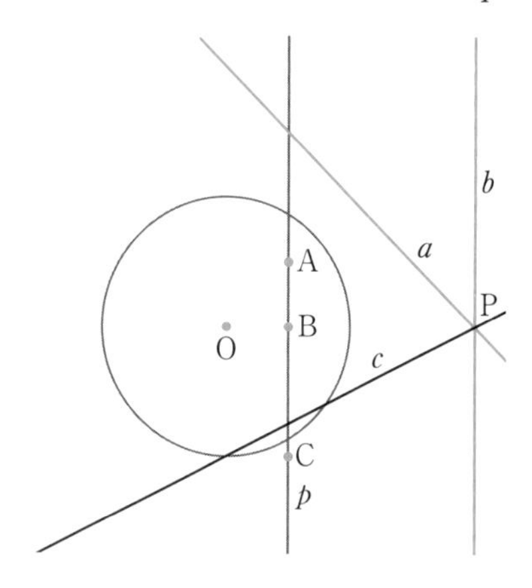

系2−3　ある円に関し、2点 A, B の極線をそれぞれ a, b とするとき、a, b の交点 P の極線は直線 AB である。

証明　この円に関する P の極線を p とする。P は a 上にあるから、定理2-4より A は p 上にある。同様に P は b 上にあるから、B は p 上にある。すなわち極線 p は直線 AB である。

（終）

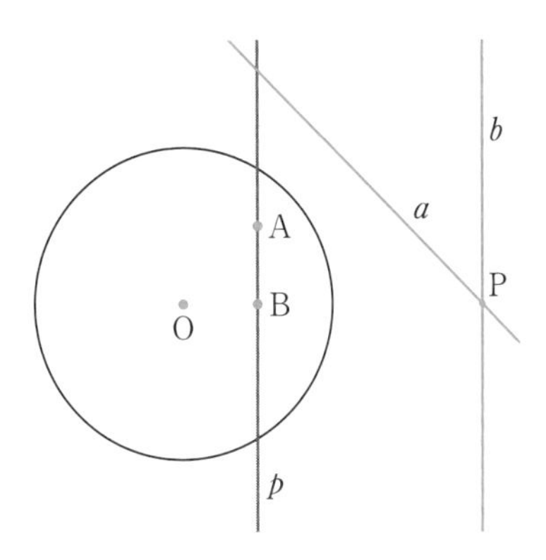

定義 円と2点で交わる直線をその円の割線（かっせん）という。

命題 2-4 円Oと点Aがある。Aを通る円Oの割線ℓと円Oの交点をP, Qとする。P, Qにおける円Oの接線の交点RはAの極線上にある。

証明 Rから円Oに引いた接線の接点がP, Qであり、ℓは直線PQであるから、ℓはRの極線、すなわちRはℓの極である。Aはℓ上にあるから、定理2-4よりℓの極RはAの極線上にある。（終）

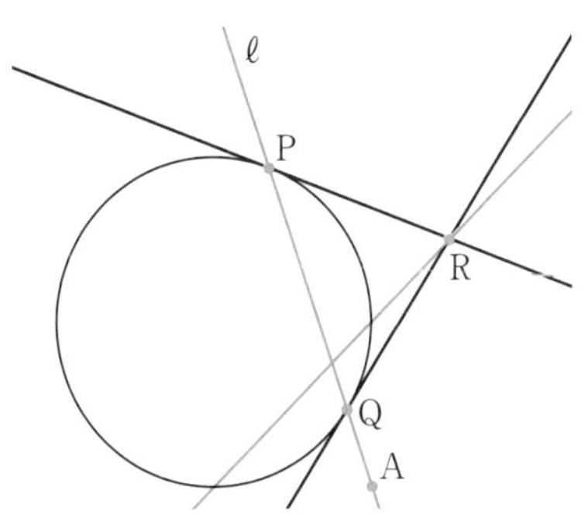

系2−4 円Oの内部に点Aがある。Aを通る3本の割線ℓ_1, ℓ_2, ℓ_3を引き、円Oとの交点を図のように$P_1, Q_1, P_2, Q_2, P_3, Q_3$とする。$P_1, Q_1, P_2, Q_2, P_3, Q_3$における円$O$の接線を引き、各接線の交点を図のように$S_1, S_2, S_3, S_4, S_5, S_6$とする。このとき六角形$S_1S_2S_3S_4S_5S_6$の対辺の延長$S_6S_1$と$S_3S_4$の交点$R_1$, S_1S_2とS_4S_5の交点R_2, S_2S_3とS_5S_6の交点R_3は一直線上にある。

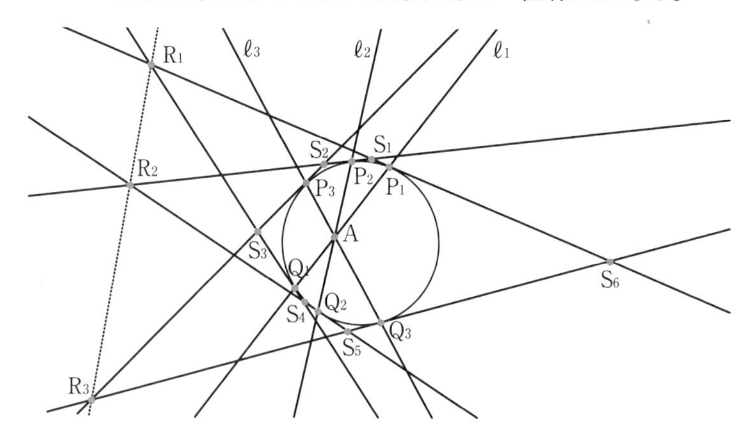

この系2-4は後述するパスカルの定理、ブリアンションの定理に通ずるものがある。

命題 2-5 2点A, Bが円$O(r)$に関し共役⇔

線分ABを直径とする円が円$O(r)$に直交する。

証明 円$O(r)$に関する反転をφとする。

2点A, Bが円$O(r)$に関し共役であるならば、

$\varphi(A)=A'$, $\varphi(B)=B'$とすると、$OA\cdot OA'=OB\cdot OB'=r^2$で

あるから、方べきの定理の逆より、４点A、A'、B、B'は同一円周上にある。この円をCとする。

BはAの極線上にあるから、$\angle AA'B=90°$　よってABは円Cの直径である。円Cと円$O(r)$の交点の１つをTとすると、$OT=r$から

$$OA\cdot OA'=r^2=OT^2$$

したがって方べきの定理の逆より、OTは円Cの接線であるから、円Cと円$O(r)$は直交する。

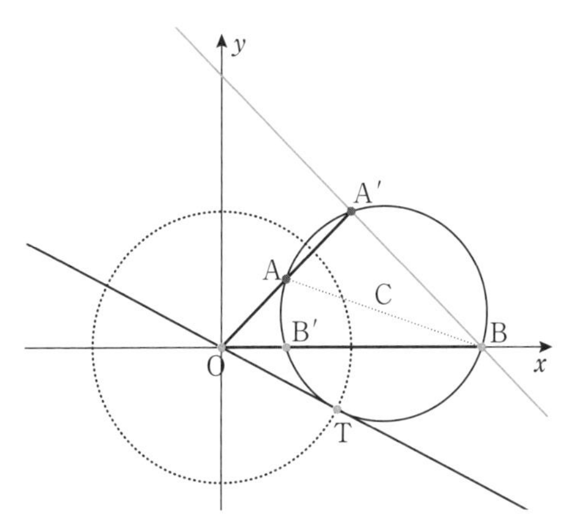

逆にABを直径とする円Cが円$O(r)$に直交するならば、円Cと円$O(r)$の交点の１つをTとするとき、OTは円Cの接線である。直線OAと円Cの交点のうち、Aでない方をA'、直線OBと円Cの交点のうち、Bでない方をB'とすると、$OT=r$であるから、円Cにおいて方べきの定理より、

$$OA\cdot OA'=OT^2=r^2\quad OB\cdot OB'=OT^2=r^2$$

したがって$\varphi(A)=A'$, $\varphi(B)=B'$となる。またABは直径であるから、$\angle AA'B=\angle AB'B=90°$

ゆえにBはAの極線上にあり、AはBの極線上にある。すなわち2点A, Bは円$O(r)$に関し共役である。　(終)

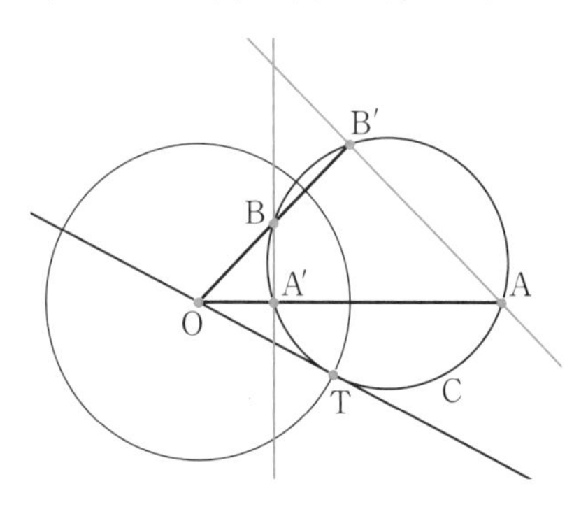

次に根軸、円束と極線の関係について考える。

命題 2-6　双曲的円束に属する任意の円について、1つの焦点のこの円に関する極線は、他の焦点を通る。

証明　この双曲的円束の根軸をℓ、焦点をF, F'、この双曲的円束に属する任意の円の中心をAとする。

F, F'を焦点とする楕円的円束に属する円Bをとると、その中心Bはℓ上にあり、円BはF, F'を通る。

円Aと円Bの交点の1つをTとおくと、命題1-5より円Aと円Bは直交するから、直線ATは円Bの接線である。したがって円Bにおいて方べきの定理より

$$AF\cdot AF'=AT^2 \cdots ①$$

ATは円Aの半径なので、F, Fは円Aに関する反転によって互いに移される。よって極線の定義よりFの極線はF'を通る。したがって題意は証明された。 (終)

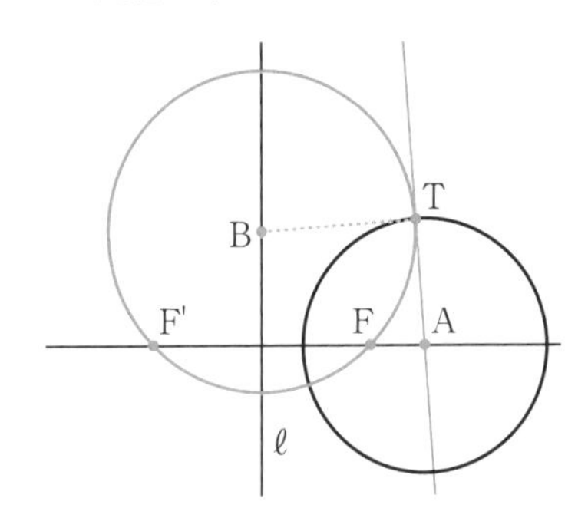

次のように座標を用いても証明できる。

根軸ℓがy軸、焦点が$F(c.0), F'(-c, 0)\ (c>0)$となるよう座標軸を定めると、第１章２節で述べたようにF, F'を焦点とする双曲的円束に属する任意の円Aの方程式は

$(x-a)^2+y^2=a^2-c^2$と表せる。

この円の中心は$A(a, 0)$、半径をrとすれば$r^2=a^2-c^2$であり、

$$AF \cdot AF'=|c-a| \cdot |-c-a|=|c-a| \cdot |c+a|=a^2-c^2=r^2$$

ゆえにF, Fは円Aに関する反転によって互いに移される。よって極線の定義よりFの極線はF'を通る。したがって題意は証明された。 (終)

命題 2-7　２円C_1, C_2があり、C_1、C_2の根軸ℓ上にあり、C_1、C_2の外部にある点Pをとる。

円 C_1 に関する点 P の極線を p_1、円 C_2 に関する点 P の極線を p_2 とするとき、3直線 p_1、p_2、ℓ は1点で交わる。

証明 点 P は根軸 ℓ 上にあるから、命題1-2より、P を中心として2円 C_1, C_2 両方に直交する円 C がかける。

円 C_1 の中心を O_1, 円 C と円 C_1 の交点を S_1, T_1 とすると、円 C と円 C_1 は直交するから、$\angle O_1S_1P = \angle O_1T_1P = 90°$。

よって S_1, T_1 は P から円 C_1 に2本の接線を引いたときの接点であるから、極線 p_1 は直線 S_1T_1 である。また交わる2円の根軸は2円の交点を通る直線であるから、極線 p_1 は2円 C, C_1 の根軸である。同様にして極線 p_2 は2円 C, C_2 の根軸であることも分かる。したがって命題1-3（根心の存在定理）より、3直線 p_1, p_2, ℓ は1点で交わる。（終）

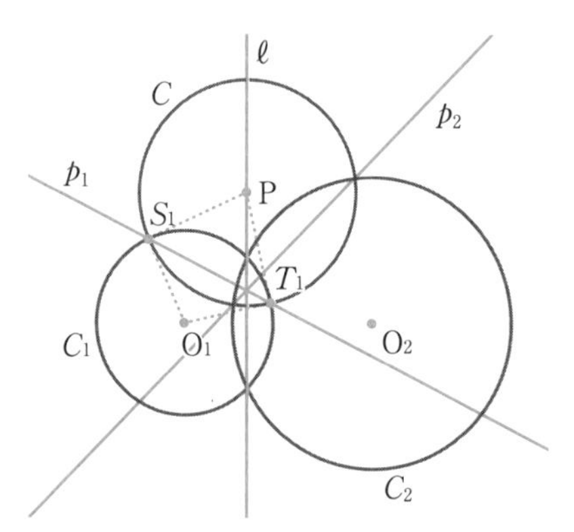

ここまで極と極線の性質として共役という概念を学び、共役と2円の直交性との関わりを見た。この関わりは次節の調和点列の学習を通しさらに具体化される。

3 調和点列

数学ではしばしば「調和」という言葉が用語の一部として使われる。よく知られた「相加平均・相乗平均」の他に「調和平均」という用語がある。

正の実数 a, b の調和平均 x とは　$x=2\div\left(\dfrac{1}{a}+\dfrac{1}{b}\right)\cdots①$

により定義される。これは「逆数をとって、平均をとって、また逆数をとる」ことで計算される。

①は $\dfrac{2}{x}=\dfrac{1}{a}+\dfrac{1}{b}$ と変形され、このとき数列 $\dfrac{1}{a}, \dfrac{1}{x}, \dfrac{1}{b}$ は等差数列をなす。一般に各数の逆数をとると等差数列となるような数列を「調和数列」と呼ぶ。

このように数学における「調和」という言葉は、算術的に「逆数をとる」という行為と結びつきが強いのだが、この節で登場する「調和点列」はこうした算術的な意味を内包すると同時に幾何学的にも豊かな内容を持ち、前節で学んだ反転や極線との結びつきが強い。

複比

以後線分の比を扱う際に、以下のように向きも区別して考える。

1直線上に複数の点があるとき、これらの点を通る座標軸をかき、原点、正の向き、負の向きを定め、各点の座標を定める。そしてこの直線上の2点 A, B に対し、

$$AB = (B\text{の座標}) - (A\text{の座標})$$

と定義する。そして線分 AB の長さを $|AB|$ と表すことにする。

このとき $|AB|$ は一意的だが、AB の符号は A, B の位置関係によって変化する。そして1直線上の3点 A, P, B について、

AP と PB の比の値 $\dfrac{AP}{PB}$ は

$\dfrac{AP}{PB} = \dfrac{(P\text{の座標}) - (A\text{の座標})}{(B\text{の座標}) - (P\text{の座標})}$ となるが、この符号については

$\overrightarrow{AP}$ と $\overrightarrow{PB}$ が同じ向きのとき、$\dfrac{AP}{PB} = \dfrac{|AP|}{|PB|}$

$\overrightarrow{AP}$ と $\overrightarrow{PB}$ が反対向きのとき、$\dfrac{AP}{PB} = -\dfrac{|AP|}{|PB|}$ となる。

さらに1直線上の4点 A, P, B, Q に対し、有向線分の比の比

$$\frac{\dfrac{AP}{PB}}{\dfrac{AQ}{QB}} = \frac{AP}{PB} \cdot \frac{QB}{AQ}$$

を4点 A, P, B, Q の複比といい、$(A, P; B, Q)$ で表す。すなわち

$$(A, P ; B, Q) = \frac{AP}{PB} \cdot \frac{QB}{AQ}$$

1直線上の4点 A, P, B, Q を並べ替えると、$4! = 24$ 通りの順列が考えられ、それぞれに対し複比も24通り考えられるが、このうち4通りずつは常に同じ値になる。

命題 2-8　1直線上の4点を入れ替えてできる24個の複比のうち、4個ずつは常に同じ値になる。

証明　$(A, P; B, Q)=x$とおく。

$$x=\frac{AP}{PB}\cdot\frac{QB}{AQ}=\frac{PA}{AQ}\cdot\frac{BQ}{PB}=\frac{BQ}{QA}\cdot\frac{PA}{BP}=\frac{QB}{BP}\cdot\frac{AP}{QA}\text{ より}$$

$$(A, P; B, Q)=(P, A; Q, B)=(B, Q; A, P)=(Q, B; P, A)=x$$

$$\frac{1}{x}=\frac{AQ}{QB}\cdot\frac{PB}{AP}=\frac{PB}{BQ}\cdot\frac{AQ}{PA}=\frac{BP}{PA}\cdot\frac{QA}{BQ}=\frac{QA}{AP}\cdot\frac{BP}{QB}\text{ より}$$

$$(A, Q; B, P)=(P, B; Q, A)=(B, P; A, Q)=(Q, A; P, B)=\frac{1}{x}$$

また $(A, B; P, Q)=\dfrac{AB}{BP}\cdot\dfrac{QP}{AQ}=\dfrac{AB}{BP}\cdot\dfrac{BP-BQ}{AQ}$

$$=\frac{AB\cdot BP-AB\cdot BQ}{BP\cdot AQ}$$

$$=\frac{AB\cdot BP+BP\cdot BQ-BP\cdot BQ-AB\cdot BQ}{BP\cdot AQ}$$

$$=\frac{BP\cdot(AB+BQ)-BQ\cdot(AB+BP)}{BP\cdot AQ}$$

$$=\frac{BP\cdot AQ-BQ\cdot AP}{BP\cdot AQ}$$

$$=1-\frac{AP}{PB}\cdot\frac{QB}{AQ}$$

$=1-x$　であるから

$$1-x=\frac{AB}{BP}\cdot\frac{QP}{AQ}=\frac{BA}{AQ}\cdot\frac{PQ}{BP}=\frac{PQ}{QA}\cdot\frac{BA}{PB}=\frac{QP}{PB}\cdot\frac{AB}{QA}\text{ より}$$

$$(A, B; P, Q) = (B, A; Q, P) = (P, Q; A, B) = (Q, P; B, A) = 1 - x$$

$\dfrac{1}{1-x} = \dfrac{BP}{PQ} \cdot \dfrac{AQ}{BA} = \dfrac{AQ}{QP} \cdot \dfrac{BP}{AB} = \dfrac{QA}{AB} \cdot \dfrac{PB}{QP} = \dfrac{PB}{BA} \cdot \dfrac{QA}{PQ}$ より

$$(B, P; Q, A) = (A, Q; P, B) = (Q, A; B, P) = (P, B; A, Q) = \frac{1}{1-x}$$

さらに$(A, B; Q, P) = \dfrac{AB}{BQ} \cdot \dfrac{PQ}{AP} = \dfrac{AB}{BQ} \cdot \dfrac{BQ - BP}{AP}$

$$= \frac{AB \cdot BQ - AB \cdot BP}{BQ \cdot AP}$$

$$= \frac{AB \cdot BQ + BQ \cdot BP - BQ \cdot BP - AB \cdot BP}{BQ \cdot AP}$$

$$= \frac{BQ \cdot (AB + BP) - BP \cdot (AB + BQ)}{BQ \cdot AP}$$

$= \dfrac{BQ \cdot AP - BP \cdot AQ}{BQ \cdot AP} = 1 - \dfrac{AQ}{QB} \cdot \dfrac{PB}{AP} = 1 - \dfrac{1}{x} = \dfrac{x-1}{x}$ であるから

$\dfrac{x-1}{x} = \dfrac{AB}{BQ} \cdot \dfrac{PQ}{AP} = \dfrac{BA}{AP} \cdot \dfrac{QP}{BQ} = \dfrac{QP}{PA} \cdot \dfrac{BA}{QB} = \dfrac{PQ}{QB} \cdot \dfrac{AB}{PA}$ より

$$(A, B; Q, P) = (B, A; P, Q) = (Q, P; A, B) = (P, Q; B, A) = \frac{x-1}{x}$$

$\dfrac{x}{x-1} = \dfrac{BQ}{QP} \cdot \dfrac{AP}{BA} = \dfrac{AP}{PQ} \cdot \dfrac{BQ}{AB} = \dfrac{PA}{AB} \cdot \dfrac{QB}{PQ} = \dfrac{QB}{BA} \cdot \dfrac{PA}{QP}$ より

$$(B, Q; P, A) = (A, P; Q, B) = (P, A; B, Q) = (Q, B; A, P) = \frac{x}{x-1}$$

したがって題意は証明された。　(終)

調和点列

定義　１直線上の４点 A, P, B, Q について、

$(A, P ; B, Q) = -1$ であるとき４点 A, P, B, Q は調和点列をなすという。

$(A,P ; B,Q) = \frac{AP}{PB} \cdot \frac{QB}{AQ}$ であるから

$$4\text{点 } A,P,B,Q \text{ が調和点列をなす} \Leftrightarrow \frac{AP}{PB} \cdot \frac{QB}{AQ} = -1$$

$$\Leftrightarrow \frac{AP}{PB} = -\frac{AQ}{QB}$$

このことから

系２－５　４点 A, P, B, Q が調和点列をなすとき、点 P, Q は線分 AB を等しい比に内分、外分している。

また命題 2-8 の証明において、$x = -1$ のとき $\frac{1}{x} = -1$ であるから

系２－６　４点 A,P,B,Q が調和点列をなすとき、４点 P,A,Q,B、B,Q,A,P、Q,B,P,A、A,Q,B,P、P,B,Q,A、B,P,A,Q、Q,A,P,B もそれぞれ調和点列をなす。

定理 2-5

A, P, B, Q が調和点列をなすとき、$\frac{2}{AB} = \frac{1}{AP} + \frac{1}{AQ}$

証明 A, P, B, Q が調和点列をなすから $\dfrac{AP}{PB}=-\dfrac{AQ}{QB}$

よって $\dfrac{AP}{AB-AP}=-\dfrac{AQ}{AB-AQ}$

すなわち $\dfrac{AP}{AB-AP}=\dfrac{AQ}{AQ-AB}$

分母を払って　$AP\cdot AQ-AP\cdot AB=AQ\cdot AB-AQ\cdot AP$

よって $2AP\cdot AQ=AQ\cdot AB+AP\cdot AB$

両辺を $AP\cdot AQ\cdot AB$ で割って、$\dfrac{2}{AB}=\dfrac{1}{AP}+\dfrac{1}{AQ}$　（終）

定理2-5より A, P, B, Q が調和点列をなすとき AP, AB, AQ は調和数列をなすことが分かる。

命題 2-9　AB の中点を M とするとき、

A, P, B, Q が調和点列をなす⇔ $MP\cdot MQ=MB^2$

証明 A, P, B, Q が調和点列をなすならば　$\dfrac{AP}{PB}=-\dfrac{AQ}{QB}$

よって　$\dfrac{MP-MA}{MB-MP}=-\dfrac{MQ-MA}{MB-MQ}$

すなわち　$\dfrac{MP-MA}{MB-MP}=\dfrac{MA-MQ}{MB-MQ}$

$MA=-MB$ より　$\dfrac{MP+MB}{MB-MP}=\dfrac{-MB-MQ}{MB-MQ}$

分母を払って、

$$(MP+MB)(MB-MQ)=(-MB-MQ)(MB-MP)$$

展開して整理すると $MP\cdot MQ=MB^2$

逆に $MP\cdot MQ=MB^2$ …①ならば、直線 AB 上に A, P, B, Q' が調和点列をなすよう点 Q' をとると、上記の証明から、

$$MP\cdot MQ'=MB^2 \cdots ②$$

①、②より Q と Q' は一致する。よって A, P, B, Q が調和点列をなす。　(終)

A　P　M　B　Q

命題 2-10　円 O（r）とその中心 O を通る直線 ℓ がある。ℓ 上の O に関して同じ側にある４点 A, B, C, D に対し、各点の円 O（r）に関する反転像をそれぞれ A', B', C', D' とすると
$(A, B；C, D) = (A', B'；C', D')$ が成り立つ。

証明　$$(A, B；C, D)=\frac{AB}{BC}\cdot\frac{DC}{AD}=\frac{OB-OA}{OC-OB}\cdot\frac{OC-OD}{OD-OA} \cdots ①$$

反転の定義から、$OA'=\dfrac{r^2}{OA}, OB'=\dfrac{r^2}{OB}, OC'=\dfrac{r^2}{OC}, OD'=\dfrac{r^2}{OD}$

$$\therefore (A', B'；C', D')=\frac{A'B'}{B'C'}\cdot\frac{D'C'}{A'D'}=\frac{OB'-OA'}{OC'-OB'}\cdot\frac{OC'-OD'}{OD'-OA'}$$

$$=\frac{\dfrac{r^2}{OB}-\dfrac{r^2}{OA}}{\dfrac{r^2}{OC}-\dfrac{r^2}{OB}}\cdot\frac{\dfrac{r^2}{OC}-\dfrac{r^2}{OD}}{\dfrac{r^2}{OD}-\dfrac{r^2}{OA}}=\frac{\dfrac{1}{OB}-\dfrac{1}{OA}}{\dfrac{1}{OC}-\dfrac{1}{OB}}\cdot\frac{\dfrac{1}{OC}-\dfrac{1}{OD}}{\dfrac{1}{OD}-\dfrac{1}{OA}}$$

$$=\frac{(OA-OB)}{(OB-OC)}\cdot\frac{(OD-OC)}{(OA-OD)}$$

$$=\frac{(OB-OA)}{(OC-OB)}\cdot\frac{(OC-OD)}{(OD-OA)}\quad\cdots②$$

①, ②より $(A, B ; C, D)=(A', B' ; C', D')$　(終)

命題2-10は反転により複比が保存されることを意味している。特に$(A, B ; C, D)=-1$の場合を考えれば

系 2−7　円 $O\ (r)$ とその中心 O を通る直線 ℓ がある。ℓ 上の O に関して同じ側にある4点 A, B, C, D が調和点列をなすとき、各点の円 $O\ (r)$ に関する反転像をそれぞれ A', B', C', D' とすると4点 A', B', C', D' も調和点列をなす。

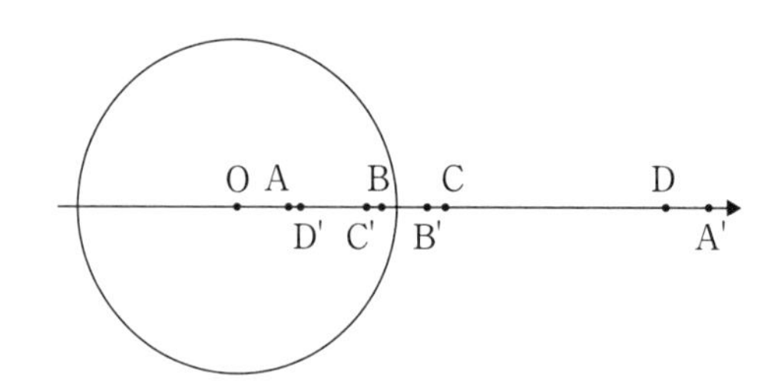

円の極と極線の性質を調べると、その中にも調和点列が見い出される。次の定理を見てみよう。

定理 2-6

円 $O(r)$ とその外部に１点 P がある。P を通る円 $O(r)$ の割線 ℓ を引き、交点を Q, R とする。

円 $O(r)$ に関する P の極線を p とし、ℓ と p の交点 S とすると、P,Q,S,R は調和点列をなす。

証明　O から ℓ に下ろした垂線の足を M とすると、M は QR の中点である。

p と OP の交点を P' とすると、p は極線であるから、$p \perp OP$ である。

$\triangle POM$ と $\triangle PSP'$ において、

$$\angle PMO = \angle PP'S = 90^\circ,\quad \angle MPO = \angle P'PS \text{（共通）}$$

２組の角がそれぞれ等しいから $\triangle POM \backsim \triangle PSP'$

$\therefore OP : SP = MP : P'P$　すなわち $MP \cdot SP = OP \cdot P'P$

したがって
$$\begin{aligned} MS \cdot MP &= (MP - SP) \cdot MP = MP^2 - MP \cdot SP \\ &= MP^2 - OP \cdot P'P = MP^2 - OP \cdot (OP - OP') \\ &= MP^2 - OP^2 + OP \cdot OP' = MP^2 - OP^2 + r^2 \\ &= -OM^2 + r^2 = MQ^2 \end{aligned}$$

したがって命題 2-9 より R, S, Q, P は調和点列をなすから系 2-6 より P, Q, S, R も調和点列をなす。（終）

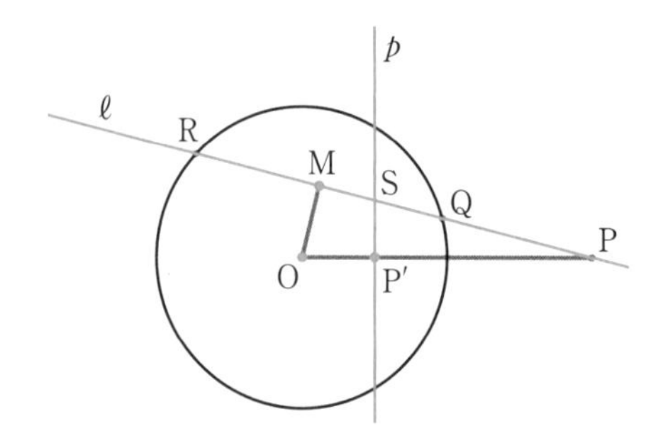

定理 2-6 の別証明（解析的な証明）

中心 O が原点、点 P の座標が $(a,0)$ となるよう座標軸を定めると、円 $O(r)$ の方程式は $x^2+y^2=r^2$ …①

極線 p の方程式は $x=\dfrac{r^2}{a}$、割線 ℓ の方程式は点 P を通ることから、$y=m(x-a)$ …②と表せる

① ②より y を消去して、$x^2+m^2(x-a)^2=r^2$

整理して　$(1+m^2)x^2-2am^2x+a^2m^2-r^2=0$ …③

$|a|>r$ のとき円 $O(r)$ と ℓ が異なる２点で交わるための条件は③の判別式 D について

$\dfrac{D}{4}=(-am^2)^2-(1+m^2)(a^2m^2-r^2)>0$ より、

$$-\frac{r}{\sqrt{a^2-r^2}}<m<\frac{r}{\sqrt{a^2-r^2}}$$

R,Q の x 座標をそれぞれ α,β とおくと、α,β は③の実数解であり、解と係数の関係から、

$$\alpha+\beta=\frac{2am^2}{1+m^2}、\quad \alpha\beta=\frac{a^2m^2-r^2}{1+m^2}$$

が成り立つ。

$\dfrac{PQ}{QS}=-\dfrac{PR}{RS}$ を示すには、各点の x 座標の差で考えても同

じであるから、$\dfrac{\beta-a}{\dfrac{r^2}{a}-\beta}=-\dfrac{\alpha-a}{\dfrac{r^2}{a}-\alpha}$ を示せばよい。

$$\frac{\beta-a}{\dfrac{r^2}{a}-\beta}=-\frac{\alpha-a}{\dfrac{r^2}{a}-\alpha}\Leftrightarrow(\beta-a)\left(\frac{r^2}{a}-\alpha\right)+(\alpha-a)\left(\frac{r^2}{a}-\beta\right)=0\cdots④$$

であるから、等式④を証明すればよい。

$$④の左辺=\left(\frac{\beta r^2}{a}-\alpha\beta-r^2+a\alpha\right)+\left(\frac{\alpha r^2}{a}-\alpha\beta-r^2+\alpha\beta\right)$$

$$=-2r^2+\left(\frac{r^2}{a}+a\right)(\alpha+\beta)-2\alpha\beta$$

$$=-2r^2+\left(\frac{r^2}{a}+a\right)\cdot\frac{2am^2}{1+m^2}-2\frac{a^2m^2-r^2}{1+m^2}$$

$$=\frac{-2(1+m^2)r^2+2m^2r^2+2a^2m^2-2a^2m^2+2r^2}{1+m^2}$$

$$=0$$

したがって題意は証明された。　(終)

系2−8　円 $O(r)$ とその内部に１点 P がある。P を通る円 $O(r)$ の割線 ℓ を引き、交点を Q, R とする。円 $O(r)$ に関する

Pの極線をpとし、ℓとpの交点をSとすると、P, Q, R, Sは調和点列をなす。

本書では、2点A, Bを通る直線と円Cが2点P, Qで交わり、かつA, P, B, Qが調和点列をなすとき、「円CはABを調和比に分ける」という言い方をする。

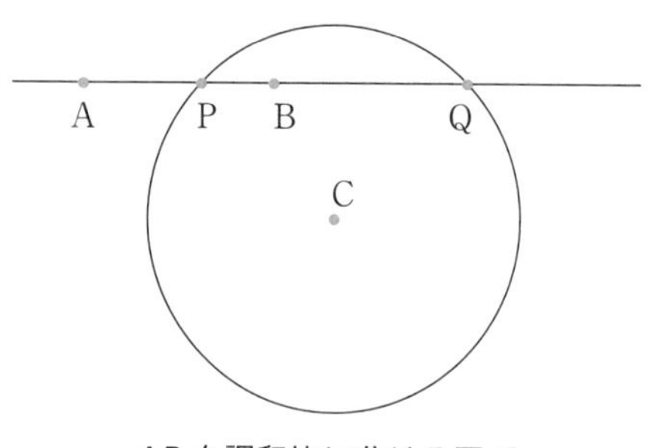

ABを調和比に分ける円C

直交する2円の中にも調和比は表れる。

定理 2-7

2円が直交する。

⇔2円の一方の直径は、他方の円によって調和比に分けられる。

証明 交わる2円をO, O'、円Oの直径のうち、円O'と交わるものの1つをABとし、直線ABと円O'の交点をP, Q、2円O, O'の交点の1つをTとする。

2円 O, O' が直交するならば、OT は円 O' の接線である。よって方べきの定理より、

$$OP \cdot OQ = OT^2 = OB^2$$

O は AB の中点であるから、命題2-9より A, P, B, Q は調和点列をなす。

逆に A, P, B, Q が調和点列をなすならば、命題2-9より

$$OP \cdot OQ = OB^2 = OT^2$$

よって方べきの定理の逆より、OT は円 O' の接線である。したがって2円 O, O' は直交する。 (終)

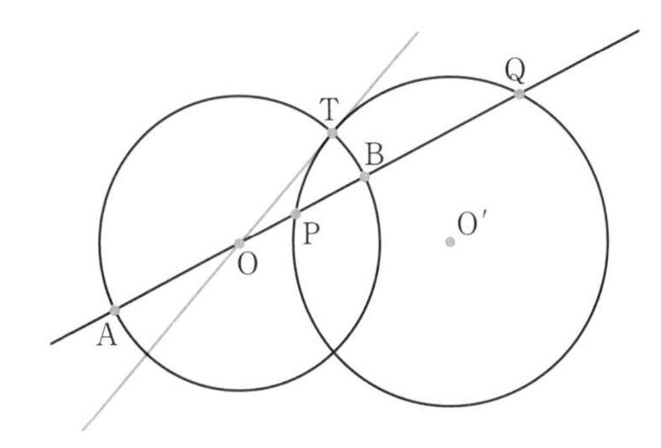

定理 2-8

円 O と、円 O の弦 AB があるとき、直線 AB 上の2点 P, Q について A, P, B, Q が調和点列

$\Leftrightarrow$ P, Q は円 O に関し共役である。

証明 A, P, B, Q が調和点列をなすならば、PQ の中点を M とし、PQ を直径とする円 M と円 O の交点の1つを T とおく

と、命題2-9より $MA \cdot MB = MP^2$

$MP = MT$ から $MA \cdot MB = MT^2$

したがって方べきの定理の逆より、MT は円 O の接線である。よって円 O と円 M は直交する。ゆえに命題2-5より P, Q は円 O に関し共役である。

逆に P, Q は円 O に関し共役ならば、PQ の中点を M とすると、命題2-5より円 O と PQ を直径とする円 M は直交する。よって円 M と円 O の交点の1つを T とおくと、MT は円 O の接線である。したがって方べきの定理より

$$MA \cdot MB = MT^2 \qquad MT = MP \text{ から } \quad MA \cdot MB = MP^2$$

ゆえに命題2-9より A, P, B, Q は調和点列をなす。　(終)

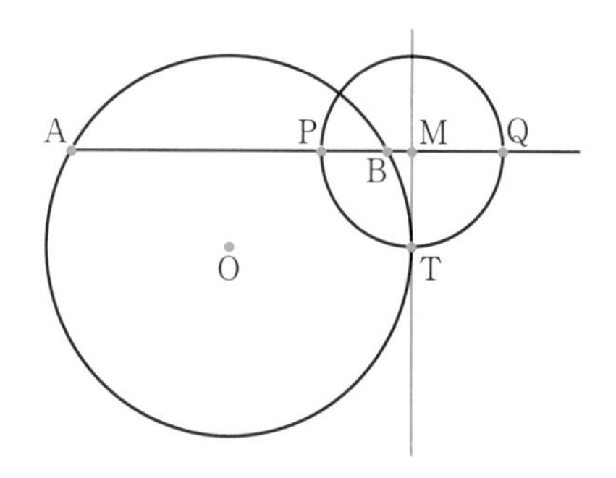

命題 2-11　一方が他方の内部になく、内接もしていない2円 C_1, C_2 がある。その共通接線の1つを引き、接点を A, B とする（外接の場合の共通内接線は除外する）。C_1, C_2 と共軸円系をなし直線 AB と交わる任意の円 C は、AB を調和比に分ける。

証明 この共軸円系の根軸を ℓ とし、ℓ と共通接線 AB との交点を M とする。M は根軸 ℓ 上にあり、条件から円 C_1, C_2 の外部にあること分かるから、M から C_1, C_2 に引いた接線の長さは等しい。したがって $AM=BM$ となる。AB を直径とする円 M を考える。C_1, C_2 と共軸円系をなし、直線 AB と交わる任意の円 C すると、C_1 と C の根軸も ℓ であり円 M の中心は ℓ 上にあるから、命題 1-2 より円 M は円 C と直交する。ゆえに定理 2-7 より、円 M の直径 AB は、円 C によって調和比に分けられる。（終）

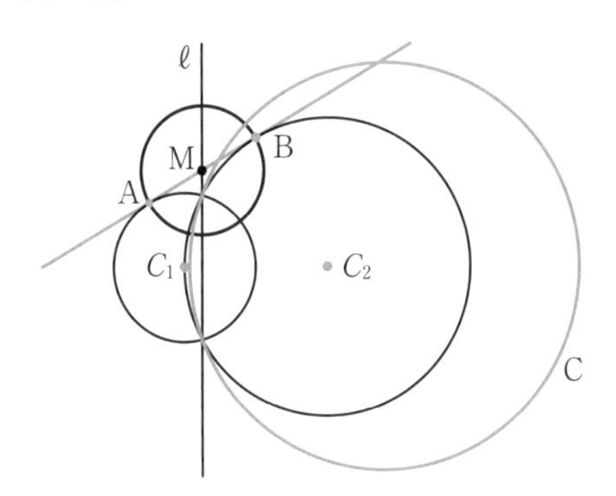

命題 2-12 $\triangle ABC$ の内接円の接点を P, Q, R とし、QR の延長が対辺 BC の延長と交わる点を S とすれば、B, P, C, S は調和点列をなす。

証明 辺 BC, CA, AB における接点をそれぞれ P, Q, R とする。

$$BR=BP,\ CP=CQ,\ AQ=AR \text{ から } \frac{BP}{PC}\cdot\frac{CQ}{QA}\cdot\frac{AR}{RB}=1 \quad \cdots ①$$

一方$\triangle ABC$と直線QRSにおいてメネラウスの定理より

$$\frac{BS}{SC}\cdot\frac{CQ}{QA}\cdot\frac{AR}{RB}=-1\cdots②$$

$$①②より\frac{BP}{PC}\cdot\frac{SC}{BS}=-1$$

したがってB, P, C, Sは調和点列をなす。　(終)

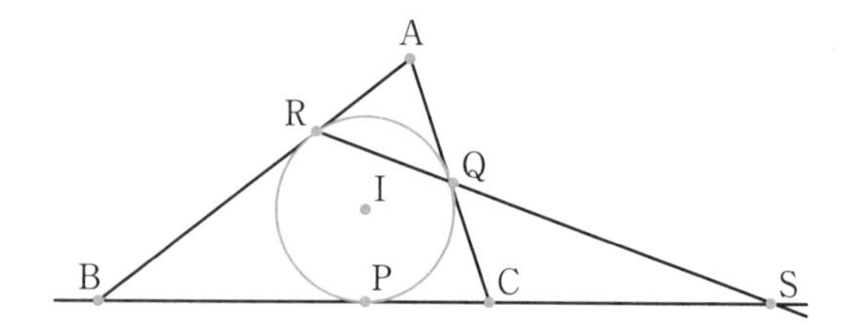

系2−9　$\triangle ABC$の3つの傍接円の接点をP, Q, Rとし、QRの延長が対辺の延長と交わる点をSとすれば、B, P, C, Sは調和点列をなす。

証明　$\triangle ABC$の$\angle CAB$内、$\angle ABC$内、$\angle BCA$内の傍接円をそれぞれI_A, I_B, I_Cとし、I_AとBC, I_BとCA, I_CとABの接点をそれぞれP, Q, R、直線QRと直線BCの交点をSとする。$\triangle ABC$と直線QRSにおいてメネラウスの定理より、

$$\frac{BS}{SC}\cdot\frac{CQ}{QA}\cdot\frac{AR}{RB}=-1\cdots①$$

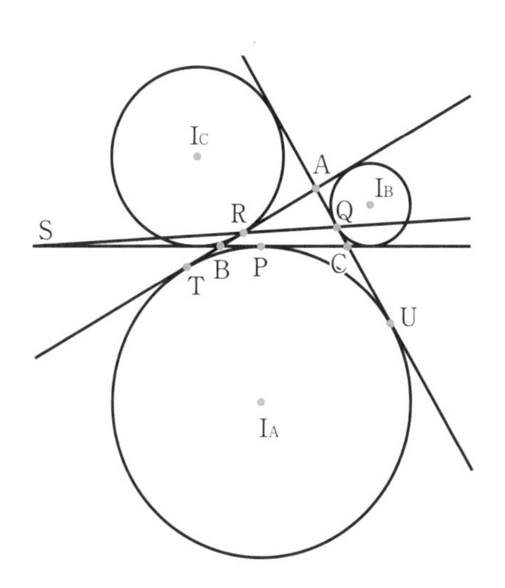

$BC=a, CA=b, AB=c$、$BP=x, CQ=y, AR=z$ とし、I_A と直線 AB の接点、I_A と直線 AC の接点をそれぞれ T, U とすると、円外の1点からその円に引いた接線の長さは等しいから

$BT=BP=x,\ CU=CP=a-x$

$AT=AU$ すなわち $AB+BT=AC+CU$ であるから

$$c+x=b+a-x \qquad \therefore x=\frac{a+b-c}{2}$$

同様にして $y=\dfrac{b+c-a}{2},\ z=\dfrac{c+a-b}{2}$

$$\therefore \frac{BP}{PC}\cdot\frac{CQ}{QA}\cdot\frac{AR}{RB}=\frac{x}{a-x}\cdot\frac{y}{b-y}\cdot\frac{z}{c-z}$$

$$=\frac{\frac{a+b-c}{2}}{a-\frac{a+b-c}{2}}\cdot\frac{\frac{b+c-a}{2}}{b-\frac{b+c-a}{2}}\cdot\frac{\frac{c+a-b}{2}}{c-\frac{c+a-b}{2}}$$

$$=\frac{\frac{a+b-c}{2}}{\frac{a-b+c}{2}}\cdot\frac{\frac{b+c-a}{2}}{\frac{b-c+a}{2}}\cdot\frac{\frac{c+a-b}{2}}{\frac{c-a+b}{2}}=1\cdots②$$

①, ②より$\frac{BP}{PC}\cdot\frac{SC}{BS}=-1$

したがってP, Sは辺BCをB, P, C, Sは調和点列をなす。(終)

定理 2-9

円Oとその周上にない1点Pがある。点Pを通る円Oの2本の割線ℓ, mを引き、ℓと円Oとの交点をA, B, mと円Oとの交点をC, Dとする。このとき直線AC, BDの交点、および直線AD, BCの交点は、点Pの円Oに関する極線p上にある。

証明 極線pと直線ℓ, mとの交点をそれぞれE, Fとする。

定理2-6および系2-8よりP, A, E, B、P, C, F, Dはそれぞれ調和点列をなすから、

$$\frac{PA}{AE}=-\frac{PB}{BE},\qquad \frac{FC}{CP}=-\frac{FD}{DP}\cdots *$$

＊の辺々かけ合わせて、 $\dfrac{FC}{CP}\cdot\dfrac{PA}{AE}=\dfrac{FD}{DP}\cdot\dfrac{PB}{BE}$ …①

＊の片方の両辺を入れ替え辺々かけ合わせて

$$\frac{FD}{DP}\cdot\frac{PA}{AE}=\frac{FC}{CP}\cdot\frac{PB}{BE}\ \cdots②$$

p と直線 AC との交点を Q, p と直線 BD との交点を Q' とする。

△ PEF と直線 AQ においてメネラウスの定理より

$$\frac{EQ}{QF}\cdot\frac{FC}{CP}\cdot\frac{PA}{AE}=-1\ \cdots③$$

△ PEF と直線 BQ' においてメネラウスの定理より

$$\frac{EQ'}{Q'F}\cdot\frac{FD}{DP}\cdot\frac{PB}{BE}=-1\ \cdots④$$

①③④より　$\dfrac{EQ}{QF}=\dfrac{EQ'}{Q'F}$

よって点 Q, Q' は線分 EF を等しい比に分けるから一致する。

すなわち AC と BD の交点は極線 p 上にある。

p と直線 AD との交点を R, p と直線 BC との交点を R' とする。

△ PEF と直線 AD においてメネラウスの定理より

$$\frac{ER}{RF}\cdot\frac{FD}{DP}\cdot\frac{PA}{AE}=-1\ \cdots⑤$$

△ PEF と直線 BC においてメネラウスの定理より

$$\frac{ER'}{R'F}\cdot\frac{FC}{CP}\cdot\frac{PB}{BE}=-1 \cdots ⑥$$

②⑤⑥より$\dfrac{ER}{RF}=\dfrac{ER'}{R'F}$

よって点R, R'は線分EFを等しい比に分けるから一致する。

すなわちADとBCの交点は極線p上にある。　　　　(終)

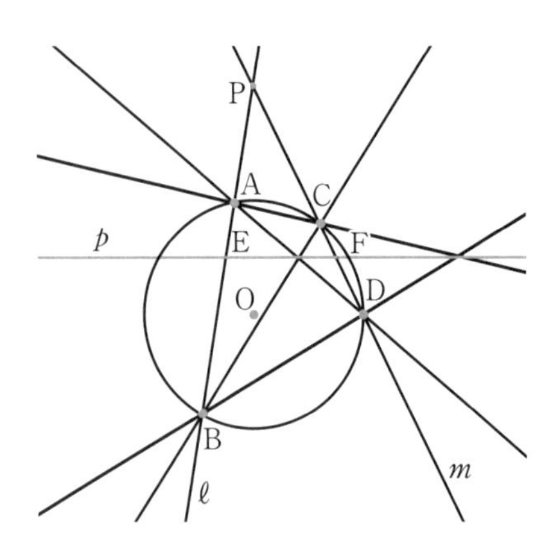

またこのとき点$Q(Q'), F, R(R'), E$も調和点列をなす。

なぜなら④より$\dfrac{EQ}{QF}=\dfrac{EQ'}{Q'F}=-\dfrac{DP}{FD}\cdot\dfrac{BE}{PB}$

$$⑤と*より\frac{ER}{RF}=\frac{ER'}{R'F}=-\frac{DP}{FD}\cdot\frac{AE}{PA}=\frac{DP}{FD}\cdot\frac{BE}{PB}$$

よって$\dfrac{EQ}{QF}=-\dfrac{ER}{RF}$が成り立つから、$Q(Q'), F, R(R'), E$は調和点列をなす。

定理2-9より、極線の新しい作図法が得られる。

円Oと円O上にない１点Pが与えられたとき、点Pを通る２本の割線ℓ, mを引き、ℓと円Oとの交点をA, Bと円Oとの交点をC, Dとする。直線ACとBDの交点をQ, 直線ADとBCの交点をRとするとき、直線QRが点Pの円Oに関する極線である。

ℓ, mのとり方によらず直線QRが一通りに定まるところが興味深い。

またこのとき直線AC, BDは点Qを通る円Oの２本の割線であるから、同様な議論により、直線PRは点Qの極線、さらに直線AD、BCは点Rを通る円Oの２本の割線であるから、直線PQは点Rの極線であることも分かる。

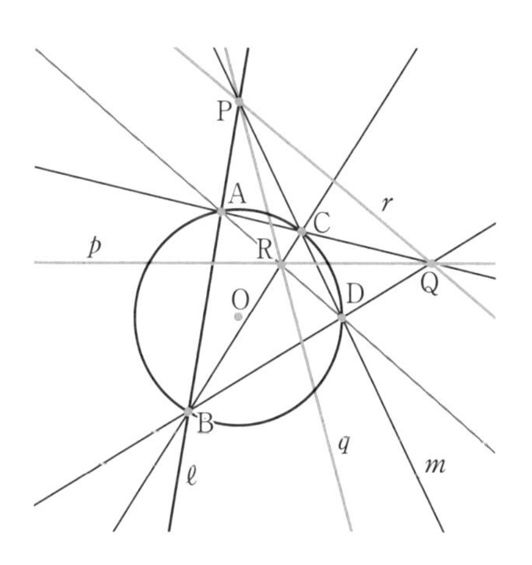

すなわち定理2-9から次の系が得られる。

系 2−10　対辺が平行でない円に内接する四角形において、2組の対辺の延長の交点を P, Q 対角線の交点を R とすると、この円に関する P の極線は直線 QR, Q の極線は直線 RP, R の極線は直線 PQ である。

パスカルの定理・ブリアンションの定理

系 2-10 は円に内接する四角形に関するものだが、円に内接する六角形については次のパスカルの定理が成り立つ。

定理 2-10（パスカルの定理）

円に内接する六角形 $ABCDEF$ において AB, DE の延長の交点を P, BC, EF の延長の交点を Q, CD, FA の延長の交点を R とすると、3点 P,Q,R は1直線上にある。

証明　直線 EF と AB の交点を L, 直線 AB と CD の交点を M, 直線 CD と EF の交点を N とする。

$\triangle LMN$ と直線 FAR においてメネラウスの定理より

$$\frac{LA}{AM}\cdot\frac{MR}{RN}\cdot\frac{NF}{FL}=-1 \quad \cdots①$$

$\triangle LMN$ と直線 BCQ においてメネラウスの定理より

$$\frac{LB}{BM}\cdot\frac{MC}{CN}\cdot\frac{NQ}{QL}=-1 \quad \cdots②$$

△LMNと直線EDPにおいてメネラウスの定理より

$$\frac{LP}{PM}\cdot\frac{MD}{DN}\cdot\frac{NE}{EL}=-1 \cdots ③$$

方べきの定理より　$LA\cdot LB=LE\cdot LF$　すなわち

$$\frac{LA\cdot LB}{LE\cdot LF}=1 \cdots ④$$

$MA\cdot MB=MC\cdot MD$　すなわち　$\frac{MC\cdot MD}{MA\cdot MB}=1 \cdots ⑤$

$NC\cdot ND=NE\cdot NF$　すなわち　$\frac{NE\cdot NF}{NC\cdot ND}=1 \cdots ⑥$

①，②，③を辺々かけ合わせて

$$\frac{LA}{AM}\cdot\frac{MR}{RN}\cdot\frac{NF}{FL}\cdot\frac{LB}{BM}\cdot\frac{MC}{CN}\cdot\frac{NQ}{QL}\cdot\frac{LP}{PM}\cdot\frac{MD}{DN}\cdot\frac{NE}{EL}=-1$$

④，⑤，⑥より

$$\frac{LP}{PM}\cdot\frac{MR}{RN}\cdot\frac{NQ}{QL}=-1$$

したがってメネラウスの定理の逆より、３点P, Q, Rは１直線上にある。　(終)

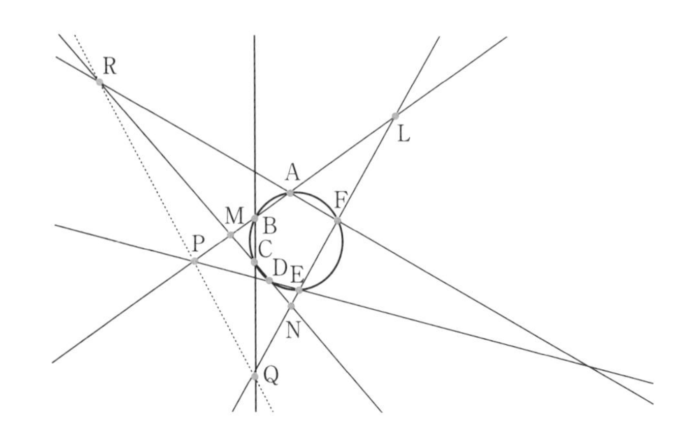

このパスカルの定理と並列的に取り上げられるのが次のブリアンションの定理である。これはパスカルの定理を基に極と極線の性質を利用して証明できる。この節の最後にそれを紹介する。

定理 2-11（ブリアンションの定理）

円に外接する六角形 $ABCDEF$ の対角線 AD, BE, CF は 1 点で交わる。

証明　円に外接する六角形 $ABCDEF$ において、辺 AB, BC, CD, DE, EF, FA と円との接点をそれぞれ G, H, I, J, K, L とすると、四角形 $GHIJKL$ はこの円に内接するから、パスカルの定理より、GH, JK の交点 P, HI, KL の交点 Q, IJ, LG の交点 R は 1 直線上にある。

B の極線は GH, E の極線は JK である。

P は GH 上にあるから、定理2-4より、P の極線は B を通る。

また P は JK 上にあるから、定理2-4より、P の極線は E を通る。

したがって P の極線は BE である。

同様にして Q の極線は CF、R の極線は AD であることが分かる。

P, Q, R は1直線上にあるから、系2-2より、それらの極である BE, CF, AD は1点で交わる。　（終）

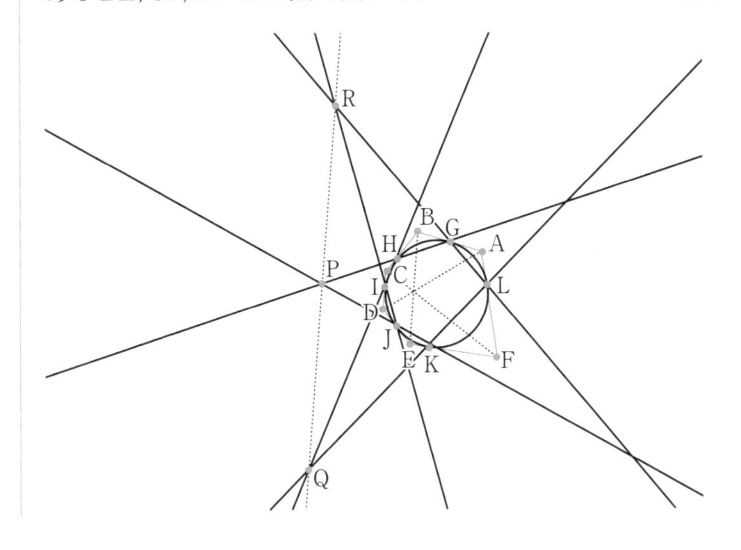

第 3 章

円束の構成

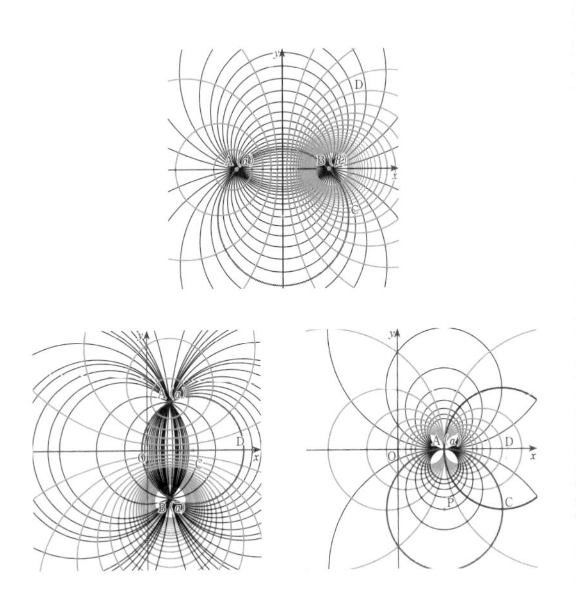

基本円束からの構成

第２章で反転について詳しく述べたが、ここでは、基本円束と呼ばれる単純な図形の集合から反転を用いて第１章で述べた３種類の円束が構成される様子を見ていく。

無限遠点、無限遠直線

平面上の各直線 ℓ に対し、無限遠点と呼ばれるこの平面上にはない仮想の１点 ∞_ℓ を対応させ、$\ell /\!/ m$ ならば $\infty_\ell = \infty_m$、$\ell \not\parallel m$ ならば $\infty_\ell \neq \infty_m$ と約束する。そしてこの平面上の直線すべてに対する無限遠点の集合を無限遠直線と呼ぶ。このように考えると、平面上の相異なる２直線は常にただ１点を共有することになる。これが射影幾何学の考え方である。

そして、直線を半径が無限大の円と捉えることもできる。このような意味で、円あるいは直線のことを「広義の円」と呼ぶことにする。

基本円束

定義 定点 A を通る直線の集合を楕円的基本円束という。

楕円的基本円束に属する（広義の）円は定点 A と無限遠点を通る。

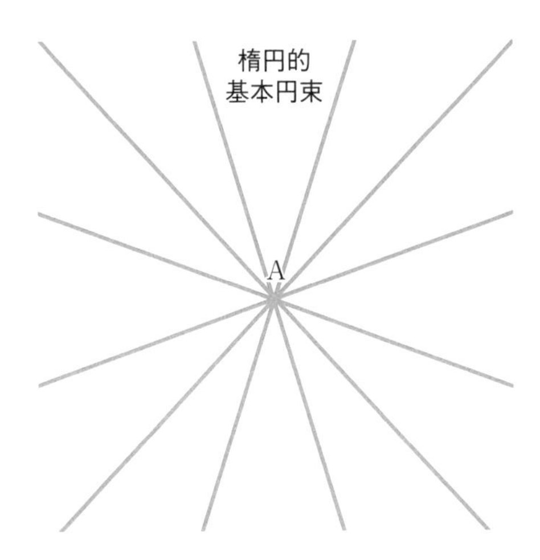

定義　定点Aを中心とする同心円の集合を双曲的基本円束という。

双曲的基本円束に属する円は共有点を持たない。

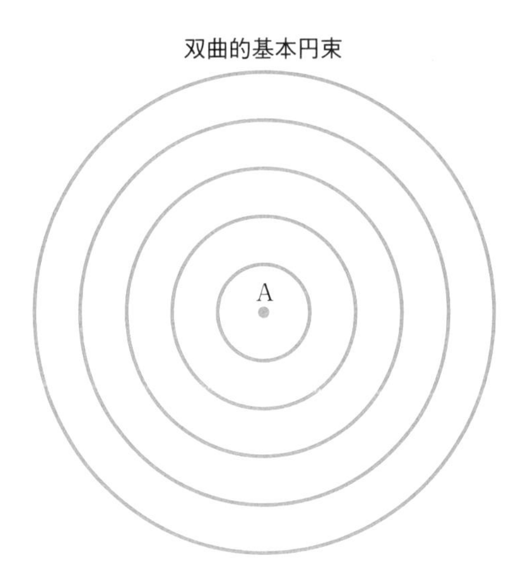

定義 零ベクトルでない定ベクトル$\vec{a}$に平行な直線の集合を**放物的基本円束**という。

放物的基本円束に属する（広義の）円は無限遠点を通る。

放物的基本円束

a

これらの基本円束から、それぞれの円束が構成される。すなわち

・楕円的円束はある楕円的基本円束から、適当な反転によって得られる。

・双曲的円束はある双曲的基本円束から、適当な反転によって得られる。

・放物的円束はある放物的基本円束から、適当な反転によって得られる。

この節ではこれらの事柄を証明する。

楕円的円束の構成

定理 3-1

すべての楕円的基本円束は、ある反転によって楕円的円束に移される。

証明 定点A'を通る直線全体からなる楕円的基本円束をE'とする。A'と異なる定点Oを中心とする反転φ（半径は任意）を考え、$\varphi(A')=A$とする。Aは直線OA'上にある。E'に属する直線のうち、点Oを通るものをℓ_0、他の直線をℓとすると、φによりℓ_0は直線OA（すなわち直線OA'）に移され、定理2-1-2よりℓはOを通る円に移されるが、$\varphi(A')=A$からこれはAも通る。つまりℓは2点O, Aを通る円に移される。これらはOとAを焦点とする楕円的円束に属する。（終）

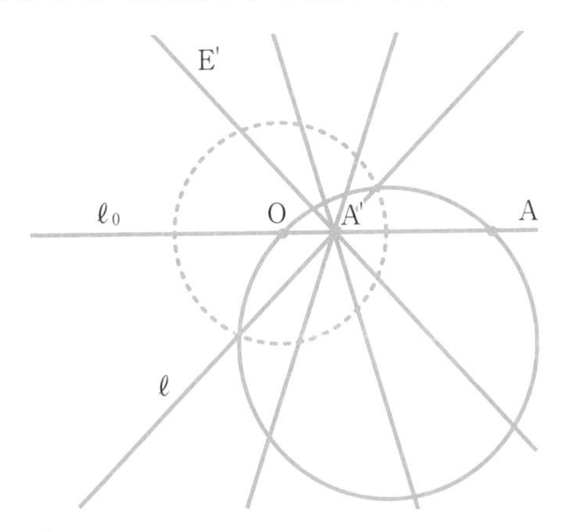

定理 3-1 は解析的には次のように示される。

定理 3-1 の解析的証明

原点 O を中心とする半径 $r(r>0)$ の円に関する反転を φ とする。

φ により、原点と異なる点 $A(a,0)$ は、点 $A'\left(\frac{r^2}{a},0\right)$ に移される。

点 A' を通る直線 $y=m\left(x-\frac{r^2}{a}\right)$ …① の φ による像を考える。

直線①上の任意の点 (x,y) が、φ により点 (X,Y) に移るとすると、定理 2-1 の解析的な証明と同様に

$$\begin{cases} x=\dfrac{r^2X}{X^2+Y^2} \\ y=\dfrac{r^2Y}{X^2+Y^2} \end{cases}$$

から

$$\frac{r^2Y}{X^2+Y^2}=m\left(\frac{r^2X}{X^2+Y^2}-\frac{r^2}{a}\right)$$

$m\neq 0$のとき、これを整理すると、$X^2+Y^2-aX+\frac{a}{m}Y=0$ …②

②は $(X,Y)=(0,0)$,$(a,0)$ を満たす。すなわち①の像は原点 O と点 A を通る円となる。

$m=0$ のとき、①は $y=0$ となり、その像は $0=\frac{r^2Y}{X^2+Y^2}$ から、$Y=0$ すなわち①の像は自分自身となる。

また点 A' を通り x 軸に垂直な直線 $x=\dfrac{r^2}{a}$ の φ による像は、

$\dfrac{r^2}{a}=\dfrac{r^2X}{X^2+Y^2}$ から、$X^2+Y^2-aX=0$

これも $(X,Y)=(0,0)$，$(a,0)$ を満たし、やはり原点 O と点 A を通る円となる。

以上より点 A' を通る直線は φ により２点 O,A を通る広義の円に移される。　（終）

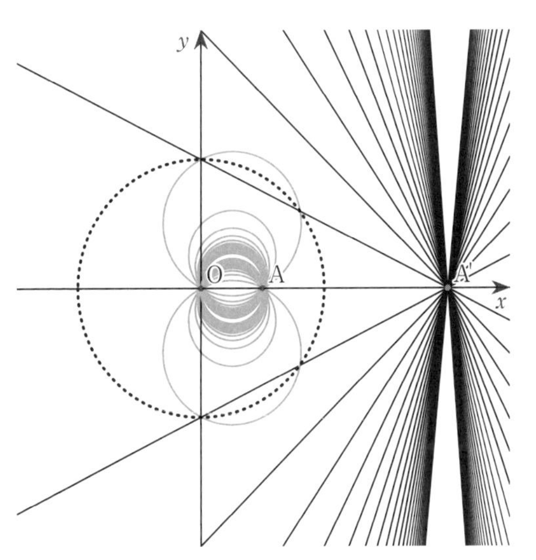

A' を通る直線（黒）が円 O（黒点線）に関する反転 φ により２点 O, A を通る円（青）に移される。

この定理の逆が次の定理である。

定理 3-2

楕円的円束は、その焦点の1つを中心とする円による反転により、楕円的基本円束に移される。

証明　定点 O と A を焦点とする楕円的円束を E とする。点 O を中心とする反転 φ（半径は任意）を考え、$\varphi(A)=A'$ とする。A' は直線 OA 上にある。定理 2-1-3 より、E に属する円は、点 O を通らない直線に移されるが、$\varphi(A)=A'$ からこれは点 A' を通る。また E に属する直線、すなわち直線 OA は直線 OA' に移される。

これらは定点 A' を通る直線全体からなる楕円的基本円束に属する。（終）

定理 3-2 を焦点が $F'(-c,0), F(c,0)$ である楕円的円束について解析的に証明する。

定理 3-2 の解析的証明

第1章で見たようにこの楕円的円束に属する任意の円は、

$x^2+(y-b)^2=b^2+c^2$　すなわち

$x^2+y^2-2by-c^2=0$ …① と表せる。中心 $F(c,0)$、半径 r の円に関する反転を φ とし、φ により点 $P(x,y)$ が点 $P'(X,Y)$ に移されるとする。

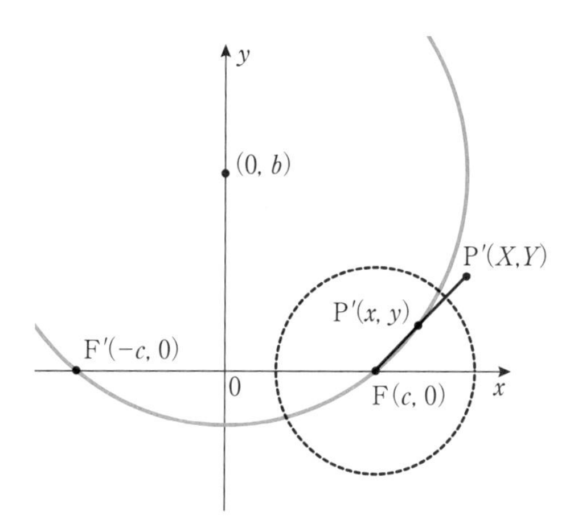

$\overrightarrow{FP}=k\overrightarrow{FP'}$　$(k>0)$ より

$$(x-c,y)=k(X-c,\ Y)$$

$|\overrightarrow{FP}|\ |\overrightarrow{FP'}|=r^2$ より $k\{(X-c)^2+Y^2\}=r^2$

$\therefore\ k=\dfrac{r^2}{(X-c)^2+Y^2}$ したがって $\begin{cases} x=\dfrac{r^2(X-c)}{(X-c)^2+Y^2}+c \\ y=\dfrac{r^2Y}{(X-c)^2+Y^2} \end{cases}$ …②

②を①に代入して

$$\left\{\frac{r^2(X-c)}{(X-c)^2+Y^2}+c\right\}^2+\left\{\frac{r^2Y}{(X-c)^2+Y^2}\right\}^2-2b\frac{r^2Y}{(X-c)^2+Y^2}-c^2=0$$

分母を払って

$$[r^2(X-c)+c\{(X-c)^2+Y^2\}]^2+(r^2Y)^2-2br^2Y\{(X-c)^2+Y^2\}-c^2\{(X-c)^2+Y^2\}^2=0$$

整理して $r^4\{(X-c)^2+Y^2\}+2r^2\{c(X-c)-bY\}\{(X-c)^2+Y^2\}=0$

両辺を $r^2\{(X-c)^2+Y^2\}$ で割って　$r^2+2\{c(X-c)-bY\}=0$

変形して $2c\left\{X-\left(c-\dfrac{r^2}{2c}\right)\right\}-2bY=0$

　これは点 $A\left(c-\dfrac{r^2}{2c},0\right)$ を通る直線を表し、点 A は b に無関係な定点である。そしてこの点 A は φ によるもうひとつの焦点 $F'(-c,0)$ の像 $\varphi(F')$ になっている。（終）

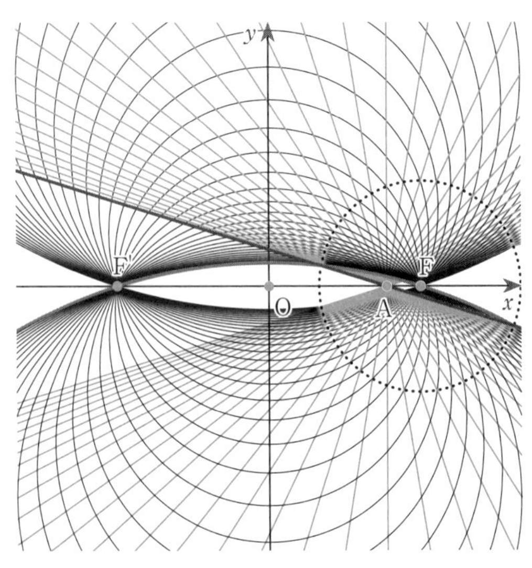

F, F' を焦点とする楕円的円束（黒）は F を中心とする円（黒点線）に関する反転 φ により φ(F') ＝A を通る楕円的基本円束（青）に移される。

放物的円束の構成

定理 3-3

すべての放物的基本円束は、ある反転によって放物的円束に移される。

証明　零ベクトルでない定ベクトル$\vec{a}$に平行な直線全体からなる放物的基本円束をP'とする。定点Oを中心とする反転をφ（半径は任意）とし、P'に属する直線のうち、Oを通るものをℓ_0、他のものをℓとすると、定理2-1よりφによりℓ_0は自分自身に、ℓはOを通る円に移される。これらはOを焦点とする放物的円束に属する。（終）

定理3-3は解析的には以下のように示される。

定理 3-3 の解析的証明

φにより、原点Oは無限遠点O^∞に移される。

x軸に平行な直線$y=c$ …①のφによる像を考える。

点(x, y)が、φにより点(X, Y)に移るとすると、

$$\begin{cases} x=\dfrac{r^2X}{X^2+Y^2} \\ y=\dfrac{r^2Y}{X^2+Y^2} \end{cases}$$

の関係があるから$c=\dfrac{r^2Y}{X^2+Y^2}$，$c\neq 0$のとき、

$$X^2+Y^2-\frac{r^2}{c}Y=0 \Leftrightarrow X^2+\left(Y-\frac{r^2}{2c}\right)^2=\frac{r^4}{4c^2} \cdots ②$$

②は原点 O で x 軸に接する円となる。

$c=0$ のときは、①は $y=0$ となり、その像は $0=\dfrac{r^2Y}{X^2+Y^2}$ から $Y=0$、すなわち①と一致する。

以上より x 軸に平行な直線は原点 O で x 軸に接する広義の円に移される。（終）

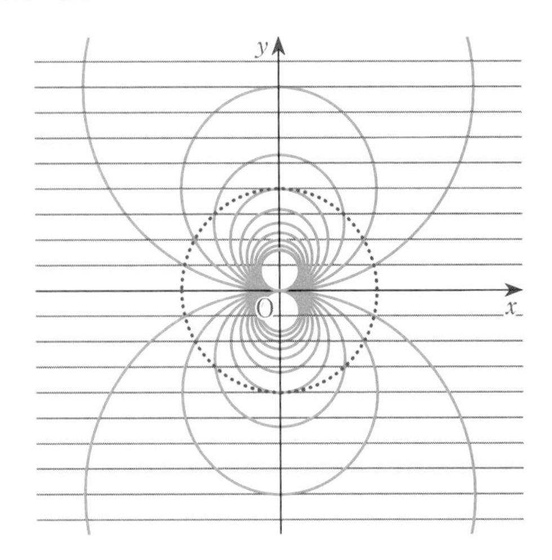

次に y 軸に平行な直線 $x=c$ …③の φ による像を考える。

$c=\dfrac{r^2X}{X^2+Y^2}$ から、$c \neq 0$ のとき、

$$X^2+Y^2-\frac{r^2}{c}X=0 \Leftrightarrow \left(X-\frac{r^2}{2c}\right)^2+Y^2=\frac{r^4}{4c^2} \cdots ④$$

④は原点 O で y 軸に接する円となる。

$c=0$ のときは、③は $x=0$ となり、その像は $0=\dfrac{r^2X}{X^2+Y^2}$ から

$X=0$、すなわち③と一致する。

以上より y 軸に平行な直線は原点 O で x 軸に接する広義の円に移される。（終）

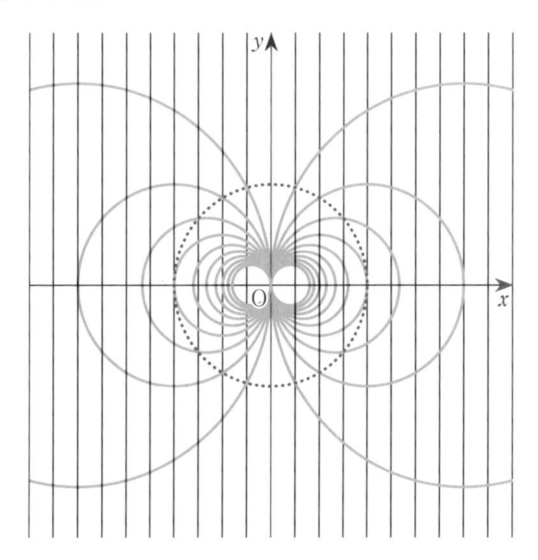

この定理の逆が次の定理である。

定理 3-4

放物的円束は、その焦点を中心とする円による反転により、放物的基本円束に移される。

証明　O を焦点とする放物的円束を P とする。点 O を中心とする反転 φ（半径は任意）を考えると、定理 2-1-3 より P に

属する円は、φにより点Oを通らない直線に移され、この直線はPの根軸に平行である。そしてPに属する直線すなわち根軸はφにより自分自身に移る。これらは根軸に平行な直線からなる放物的基本円束に属する。　(終)

定理3-4を原点Oを焦点とする放物的円束について解析的に証明する。

定理 3-4 の解析的証明

焦点が原点であり、y軸に接する放物的円束に属する円は、第1章で見たように $(x-a)^2+y^2=a^2$

すなわち $x^2-2ax+y^2=0$ …①と表せる。

焦点Oを中心とする半径$r(r>0)$の円に関する反転をφとし、φにより①上の任意の点x, yが点(X, Y)に移るとすると、

$$\begin{cases} x=\dfrac{r^2X}{X^2+Y^2} \\ y=\dfrac{r^2Y}{X^2+Y^2} \end{cases}$$ を①に代入して

$$\left\{\frac{r^2X}{X^2+Y^2}\right\}^2-2a\,\frac{r^2X}{X^2+Y^2}+\left\{\frac{r^2Y}{X^2+Y^2}\right\}^2=0$$

分母を払って $(r^2X)^2-2ar^2X(X^2+Y^2)+(r^2Y)^2=0$

両辺を$r^2(X^2+Y^2)$で割って $r^2-2aX=0$　これはy軸に平行な直線を表す。

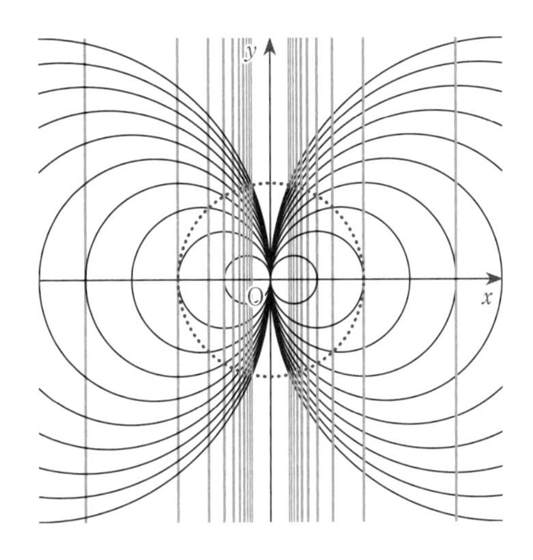

同様にして、焦点が原点であり、y 軸に接する放物的円束に属する円 $x^2+(y-a)^2=a^2$ は x 軸に平行な直線に移されることが分かる。

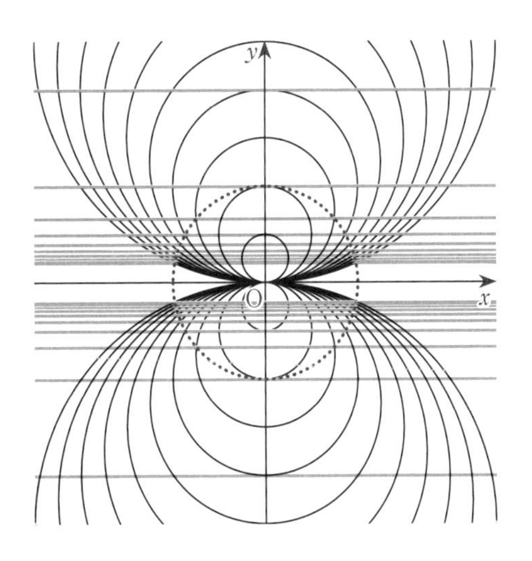

双曲的円束の構成は楕円的、放物的円束の構成と比較するとやや複雑である。ここでは2通りの方法で構成の仕方を考える。

双曲的円束の構成1

定理 3-5

すべての双曲的基本円束は、ある反転によって双曲的円束に移される。

証明 定点 $C(r, 0)$ に対し、C を中心とする半径 R の円 $(x-r)^2+y^2=R^2 \ (R>0)$ …①を考える。

原点 O を中心とする半径 r の円に関する反転を φ とし、C を中心とする同心円①の φ による像を考える。

円①上の任意の点 (x, y) が、点 (X, Y) に移るとすると、

$$\begin{cases} x=\dfrac{r^2X}{X^2+Y^2} \\ y=\dfrac{r^2Y}{X^2+Y^2} \end{cases} \quad \text{から} \left(\frac{r^2X}{X^2+Y^2}-r\right)^2+\left(\frac{r^2Y}{X^2+Y^2}\right)^2=R^2$$

整理して $(r^2-R^2)(X^2+Y^2)-2r^3X+r^4=0$ …②

【1】 $r \neq R$ のとき、②は $(X^2+Y^2)-\dfrac{2r^3}{r^2-R^2}X+\dfrac{r^4}{r^2-R^2}=0$

変形して $\left(X-\dfrac{r^3}{r^2-R^2}\right)^2+Y^2=\dfrac{r^4R^2}{(r^2-R^2)^2}$ …②′

すなわち①の像は中心$A\left(\dfrac{r^3}{r^2-R^2},0\right)$, 半径$r'=\dfrac{r^2R}{|r^2-R^2|}$の円$C'$となる。

ここでOCの中点をMとすると、$M\left(\dfrac{r}{2},0\right)$であり、点$M$の円$C'$に関する方べきの値は

$$\left(\frac{r^3}{r^2-R^2}-\frac{r}{2}\right)^2-\frac{r^4R^2}{(r^2-R^2)^2}=\left(\frac{r(r^2+R^2)}{2(r^2-R^2)}\right)^2-\frac{4r^4R^2}{4(r^2-R^2)^2}$$

$$=\frac{r^2\{(r^2+R^2)^2-4r^2R^2\}}{4(r^2-R^2)^2}=\frac{r^2(r^4-2r^2R^2+R^4)}{4(r^2-R^2)^2}$$

$$=\frac{r^2(r^2-R^2)^2}{4(r^2-R^2)^2}=\frac{r^2}{4}=OM^2=MC^2$$

したがって円C'は2点O,Cを焦点とする双曲的円束に属していることが分かる。

i）$R<r$のとき　$\dfrac{r^3}{r^2-R^2}>\dfrac{r^3}{r^2}=r$から、像②′の中心は点$C$より右側にある。

また$\dfrac{r^3}{r^2-R^2}-\dfrac{r^2R}{|r^2-R^2|}=\dfrac{r^3}{r^2-R^2}-\dfrac{r^2R}{r^2-R^2}=\dfrac{r^2(r-R)}{r^2-R^2}$

$$=\frac{r^2}{r+R}>\frac{r^2}{r+r}=\frac{r}{2}$$ より、

円②′は線分OCの中点Mより右側にある。

ⅱ）$R > r$のとき $\dfrac{r^3}{r^2-R^2}<0$から、像②′の中心は原点Oより左側にある。

像②′の半径は$\dfrac{r^2R}{R^2-r^2}$であり、

$$\frac{r^3}{r^2-R^2}+\frac{r^2R}{R^2-r^2}=\frac{r^2(R-r)}{R^2-r^2}=\frac{r^2}{r+R}<\frac{r^2}{r+r}=\frac{r}{2}\text{ より}$$

円②′は線分OCの中点Mより左側にある。

【2】 $r=R$のとき、②は$-2r^3X+r^4=0$ すなわち$X=\dfrac{r}{2}$

①の像は線分OCの中点Mを通り、x軸に垂直な直線である。

（終）

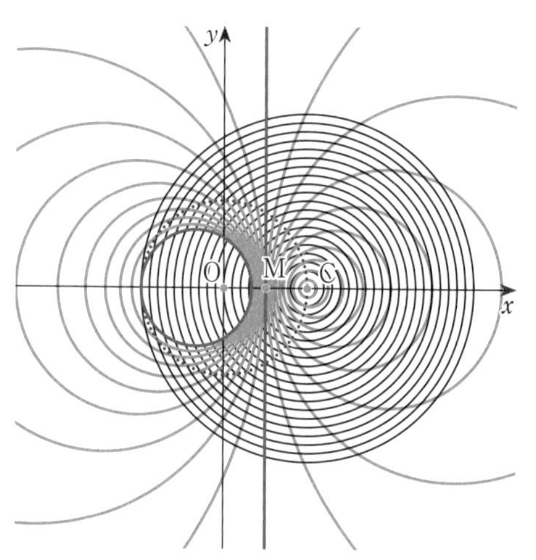

$C(r, 0)$

Cを中心とする同心円 $(x-r)^2+y^2=R^2$（黒）の円$O(r)$に関する反転像（青）。

MはOCの中点

・$R<r$のとき　像は中心がCより右側にある円で、この円はMの右側に位置する。

・$R>r$のとき　像は中心がCより左側にある円で、この円はMの左側に位置する。

・$R=r$のとき　像はMを通りx軸に垂直な直線。
反転像（青）が２点O, Cを焦点とする双曲的円束を構成する。

双曲的円束の構成２

「構成１」では定点C（r, 0）を中心とする同心円から、円$O(r)$に関する反転により双曲的円束を構成したが、次はrとは無関係な定点$A(a, 0)$を用いて構成する方法を考える。

原点Oを中心とする半径rの円による反転φにより、原点と異なる定点$A(a, 0)$は、点$A'\left(\frac{r^2}{a}, 0\right)$に移されるが、この点$A'$を中心とする円$\left(x-\frac{r^2}{a}\right)^2+y^2=R^2\,(R>0)$ …①のφによる像を考える。

円①上の任意の点(x, y)が、点(X, Y)に移るとすると、

$$\begin{cases} x=\dfrac{r^2X}{X^2+Y^2} \\ y=\dfrac{r^2Y}{X^2+Y^2} \end{cases} \quad \text{から} \quad \left(\frac{r^2X}{X^2+Y^2}-\frac{r^2}{a}\right)^2+\left(\frac{r^2Y}{X^2+Y^2}\right)^2=R^2$$

整理して

$$r^4(X^2+Y^2)-\frac{2r^4}{a}X(X^2+Y^2)+\frac{r^4}{a^2}(X^2+Y^2)^2=R^2(X^2+Y^2)^2$$

点(x, y)は無限遠点ではないから$(X, Y)\neq(0, 0)$より、$X^2+Y^2\neq0$

よって　$\left(\dfrac{r^4-a^2R^2}{a^2}\right)(X^2+Y^2)-\dfrac{2r^4}{a}X+r^4=0$ …②

【1】　$r^4-a^2R^2\neq 0$　すなわち　$R\neq\dfrac{r^2}{|a|}$ のとき

②の両辺を $\dfrac{r^4-a^2R^2}{a^2}$ で割って

$$X^2+Y^2-\frac{2ar^4}{r^4-a^2R^2}X+\frac{a^2r^4}{r^4-a^2R^2}=0$$

変形して $\left(X-\dfrac{ar^4}{r^4-a^2R^2}\right)^2+Y^2=\dfrac{a^4r^4R^2}{(r^4-a^2R^2)^2}$ …③

③は中心 $A\left(\dfrac{ar^4}{r^4-a^2R^2},0\right)$, 半径 $r'=\dfrac{a^2r^2R}{|r^4-a^2R^2|}$ の円 C' を表す。

ここで OA の中点を M とすると、$M\left(\dfrac{a}{2},0\right)$ であり、点 M の円 C' に関する方べきの値は、

$$\left(\frac{ar^4}{r^4-a^2R^2}-\frac{a}{2}\right)^2-\frac{a^4r^4R^2}{(r^4-a^2R^2)^2}=\left\{\frac{a(r^4+a^2R^2)}{2(r^4-a^2R^2)}\right\}^2-\frac{4a^4r^4R^2}{4(r^4-a^2R^2)^2}$$

$$=\frac{a^2\{(r^4+a^2R^2)^2-4a^2r^4R^2\}}{4(r^4-a^2R^2)^2}=\frac{a^2(r^8-2a^2r^4R^2+a^4R^4)}{4(r^4-a^2R^2)^2}$$

$$=\frac{a^2(r^4-a^2R^2)^2}{4(r^4-a^2R^2)^2}=\frac{a^2}{4}=OM^2=MA^2$$

したがって円 C' は O, A を焦点とする双曲的円束に属することが分かる。

ⅰ）$a>0$ かつ $0<R<\dfrac{r^2}{a}$ のとき

$$\frac{ar^4}{r^4-a^2R^2}-\frac{a}{2}=\frac{ar^4+a^3R^2}{2(r^4-a^2R^2)}>0,$$

$$\left(\frac{ar^4}{r^4-a^2R^2}-\frac{a}{2}\right)-\frac{a^2r^2R}{|r^4-a^2R^2|}=\frac{a(r^2-aR)^2}{2(r^4-a^2R^2)}>0$$

から円③は直線 $x=\dfrac{a}{2}$ より右側にある。

ⅱ）$a>0$ かつ $\dfrac{r^2}{a}<R$ のとき

$$\frac{a}{2}-\frac{ar^4}{r^4-a^2R^2}=\frac{-ar^4-a^3R^2}{2(r^4-a^2R^2)}>0,$$

$$\left(\frac{a}{2}-\frac{ar^4}{r^4-a^2R^2}\right)-\frac{a^2r^2R}{|r^4-a^2R^2|}=\frac{-a(r^2-aR)^2}{2(r^4-a^2R^2)}>0$$

から円③は直線 $x=\dfrac{a}{2}$ より左側にある。

$a<0$ の場合は上記の左右が逆になる。

【２】　$r^4-a^2R^2=0$ すなわち $R=\dfrac{r^2}{|a|}$ のとき

②は $-\dfrac{2r^4}{a}X+r^4=0$ すなわち $X=\dfrac{a}{2}$ を得る。

点 A' を通る直線 $y=m\left(x-\dfrac{r^2}{a}\right)$ と A' を中心とする円①は直交しているから、定理2-2よりこれらの像である円 $X^2+Y^2-aX+\dfrac{a}{m}Y=0$ と広義の円②は直交する。　（終）

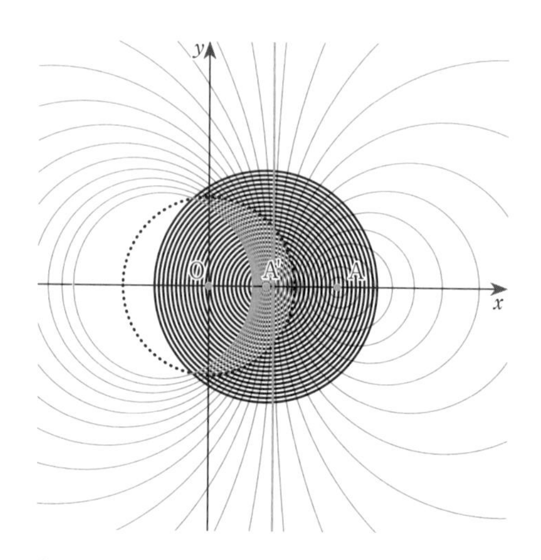

A $(a, 0)$ $a>0$
A の円 O (r) に関する反転像 A'
A' を中心とする同心円（黒）の円 O (r) に関する反転像（青）

・$R<\dfrac{r^2}{a}$ のとき　像は直線 $x=\dfrac{a}{2}$ より右側に位置する円

・$R>\dfrac{r^2}{a}$ のとき　像は直線 $x=\dfrac{a}{2}$ より左側に位置する円

・$R=\dfrac{r^2}{a}$ のとき　像は直線 $x=\dfrac{a}{2}$

反転像（青）が2点 O, A を焦点とする双曲的円束を構成する。

定理 3-6

双曲的円束に属する円は、その焦点の1つを中心とする円による反転により、同心円に移される。

証明 F_1, F_2を焦点とする双曲的円束に属する任意の円をCとする。根軸をlとし、l上に2点D, Eをとり、Dを中心として$DF_1 = DF_2$を半径とする円Dをかき、Eを中心として$EF_1 = EF_2$を半径とする円Eをかくと、命題1-5より円Cと円D、円Cと円Eはそれぞれ直交する。…①

F_2を中心とする反転φを考え、$\varphi(F_1) = F_1'$とおく。円Dは反転の中心F_2を通り、F_1も通ることから、定理2-1-3よりφによってF'_1を通る直線D'に移される。同様にして円EもφによってF'_1を通る直線E'に移される。すなわちF_1'は2直線D', E'の交点である。一方円CはF_2を通らないから、定理2-1-4よりφによってF_2を通らない円C'に移される。そして①より、円C'と直線D'、円C'と直線E'もそれぞれ直交する。したがって円C'の中心は2直線D', E'の交点F_1'である。

(終)

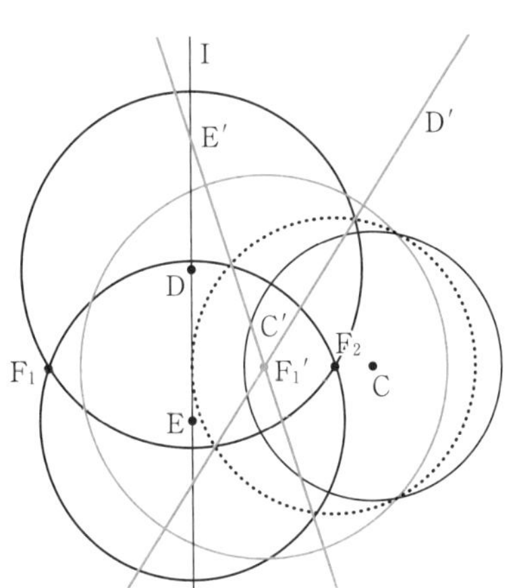

定理3-6の解析的な証明

$F(c,0),F'(-c,0)$を焦点にもつ双曲的円束に属する円 $(x-a)^2+y^2=a^2-c^2$ すなわち $x^2-2ax+y^2+c^2=0$ …①について証明する。中心 $F(c,0)$、半径 r の円に関する反転を φ とし、φ により点 $P(x,y)$ が点 $P'(X,Y)$ に移されるとする。

$\overrightarrow{FP}=k\overrightarrow{FP'}$ $(k>0)$ より $(x-c,y)=k(X-c,Y)$

$|\overrightarrow{FP}|\,|\overrightarrow{FP'}|=r^2$ より $k\{(X-c)^2+Y^2\}=r^2$

$$\therefore k=\frac{r^2}{(X-c)^2+Y^2} \text{ したがって } \begin{cases} x=\dfrac{r^2(X-c)}{(X-c)^2+Y^2}+c \\ y=\dfrac{r^2Y}{(X-c)^2+Y^2} \end{cases} \cdots②$$

②を①に代入して、

$$\left\{\frac{r^2(X-c)}{(X-c)^2+Y^2}+c\right\}^2-2a\left\{\frac{r^2(X-c)}{(X-c)^2+Y^2}+c\right\}+\left\{\frac{r^2Y}{(X-c)^2+Y^2}\right\}^2+c^2=0$$

分母を払って

$$[r^2(X-c)+c\{(X-c)^2+Y^2\}]^2-2ar^2(X-c)\{(X-c)^2+Y^2\}$$
$$+r^4Y^2+c(c-2a)\{(X-c)^2+Y^2\}^2=0$$

整理して

$$r^4\{(X-c)^2+Y^2\}+2(c-a)r^2(X-c)\{(X-c)^2+Y^2\}$$
$$+2c(c-a)\{(X-c)^2+Y^2\}^2=0$$

両辺を $2c(c-a)\{(X-c)^2+Y^2\}$ で割って

$$(X-c)^2+Y^2+\frac{r^2(X-c)}{c}+\frac{r^4}{2c(c-a)}=0$$

整理して　$X^2-\left(2c-\dfrac{r^2}{c}\right)X+Y^2+c^2-r^2+\dfrac{r^4}{2c(c-a)}=0$

変形して　$\left\{X-\left(c-\dfrac{r^2}{2c}\right)\right\}^2+Y^2=\dfrac{r^4(a+c)}{4c^2(a-c)}$

これは中心$\left(c-\dfrac{r^2}{2c},0\right)$の円を表し、この円の中心は$a$に無関係である。なお、この円の中心はもう１つの焦点$F'(-c,0)$のφによる像$\varphi(F')$となっている。そして$c>0$の場合は、$-c<a<c$のときにこの円ともとの円①は虚円になっている。　(終)

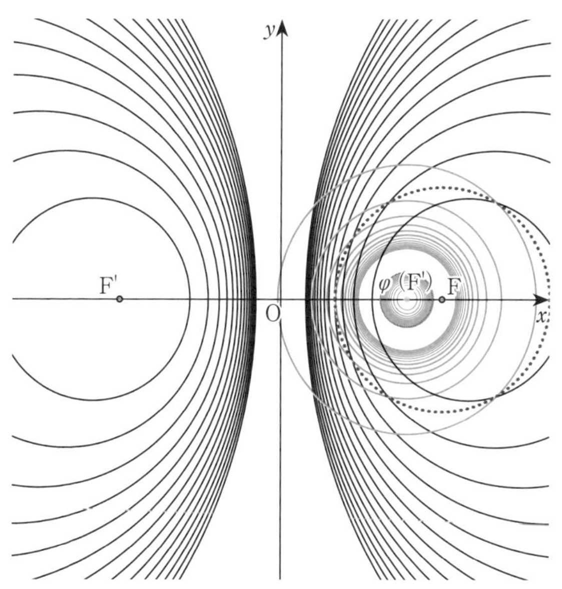

F, F'を焦点とする双曲的円束（黒）はF（r）に関する反転φにより，$\varphi(F')$を中心とする同心円（青）に移される。

2 1次分数変換と円束

複素数平面を用いると、直交座標を用いるよりも図形が簡潔に表現できることが多い。

例えば原点を中心とする半径1の円は、直交座標では

$x^2+y^2=1$ だが、複素数平面上では $|z|=1$ と表せる。

前節では基本円束から反転を用いて円束を構成したが、ここでは複素数平面上の1次分数変換という写像を用いて、前節とは異なるアプローチで円束を構成していく。はじめに複素数平面における基本図形の方程式を確認しておく。

1．原点 O を中心とする半径 r の円　$|z|=r$

2．点 $A(\alpha)$ を中心とする半径 r の円　$|z-\alpha|=r$

3．異なる2点 $A(\alpha)$,$B(\beta)$ を通る直線の方程式

$$(\bar{\alpha}-\bar{\beta})z-(\alpha-\beta)\bar{z}+\alpha\bar{\beta}-\bar{\alpha}\beta=0 \cdots ①$$

【3の証明】 $P(z)$ が直線 AB 上にある。

⇔　3点 A, B, P が同一直線上にある。(ただし $z \neq \alpha$)

⇔　$z-\beta=k(z-\alpha)$　(k は実数) と表せる。

よって $\dfrac{z-\beta}{z-\alpha}$ は実数である。

⇔　$\dfrac{z-\beta}{z-\alpha}=\overline{\left(\dfrac{z-\beta}{z-\alpha}\right)}$

分母を払い整理すると　$(\bar{\alpha}-\bar{\beta})z-(\alpha-\beta)\bar{z}+\alpha\bar{\beta}-\bar{\alpha}\beta=0$　を

得る。これは$z=\alpha$も満たしている。

特に原点Oと点$A(\alpha)$を通る直線の方程式は、①で$\beta=0$とおくことにより、$\overline{\alpha}z-\alpha\overline{z}=0$　となる。

4．点$A(\alpha)$を通り、実軸に平行な直線の方程式

$z-\alpha$が実数であることから、

$z-\alpha=\overline{(z-\alpha)}$　より　$z-\overline{z}=\alpha-\overline{\alpha}$

5．点$A(\alpha)$を通り、実軸に垂直（虚軸に平行）な直線の方程式　$z-\alpha$ が純虚数であることから、

$(z-\alpha)+\overline{(z-\alpha)}=0$ より　$z+\overline{z}=\alpha+\overline{\alpha}$

次に複素数平面上の基本的な写像$z\rightarrow w$がどのように表せるか確認しておく。

6．平行移動　$w=z+\alpha$

7．実軸に関する対称移動　$w=\overline{z}$

8．虚軸に関する対称移動　$w=-\overline{z}$

9．原点に関する対称移動　$w=-z$

10. 原点を中心とするk倍の相似変換　$w=kz$　（kは実数）

11. 原点を中心とする角θの回転　$w-(\cos 0+i\sin\theta)z$

12. 点$A(\alpha)$を中心とする半径rの円に関する反転

$$w=\frac{r^2}{\overline{z}-\overline{\alpha}}+\alpha\cdots②$$

【12の証明】 $w-a=k(z-a)$ （kは正の実数）と表され、かつ

$|z-a||w-a|=r^2$ から $k|z-a|^2=r^2$

$$\therefore w-a=\frac{r^2(z-a)}{|z-a|^2}=\frac{r^2(z-a)}{(z-a)\overline{(z-a)}}=\frac{r^2}{\bar{z}-\bar{a}}$$ より $w=\dfrac{r^2}{\bar{z}-\bar{a}}+a$ を得る。

特に原点Oを中心とする半径rの円に関する反転は、②で$a=0$とおいて、$w=\dfrac{r^2}{\bar{z}}$となる。

容易に分かるように、これらの写像6～11は直線を直線に、円を円に移す。そして第2章で見たように、反転12は、円または直線、すなわち広義の円を広義の円に移す。よってこれらの写像の合成写像はすべて広義の円を広義の円に移す。

また明らかに写像6～11は広義の円の角を保存し、定理2-2、系2-1より反転も広義の円の角を保存するから、これらの写像の合成写像はすべて広義の円の角を保存する。

2つの広義の円が与えられたとき、上の6～12の写像のうち、6, 7, 10, 11, 12をうまく合成させると、一方を他方に重ねることができる。そしてこの後述べる1次分数変換という写像は、6, 7, 10, 11, 12の合成写像として表すことができる。以下それを詳しく見ていく。

1次分数変換

複素数全体の集合をC, 無限遠点を∞として、$C\cup\{\infty\}$から

$C\cup\{\infty\}$への写像

$f:w=\dfrac{az+b}{cz+d}$ $(a, b, c, d\in C\ ad-bc\neq 0)$…①を１次分数変換という。

（$ad-bc=0$ のときは①の右辺は定数になる。）

$c\neq 0$ で $z=-\dfrac{d}{c}$ のときは①の右辺の分母は０となるが、１次分数変換の対応を次のように定める。

・$c\neq 0$ のとき

$$f:w=\begin{cases}\dfrac{az+b}{cz+d}\left(z\neq -\dfrac{d}{c}, z\neq\infty\right)\\ \infty\quad\left(z=-\dfrac{d}{c}\right)\\ \dfrac{a}{c}\left(z=\infty\right)\end{cases}$$

・$c=0$ のとき

$$f:w=\begin{cases}\dfrac{az+b}{d}\,(z\neq\infty)\\ \infty\quad(z=\infty)\end{cases}$$

１次分数変換は次の重要な性質をもつ。

定理3-7

１次分数変換は広義の円を広義の円に移し、広義の円の角を保存する。

証明

［1］ $c \neq 0$ のとき

①は $w=\dfrac{az+b}{cz+d}=\dfrac{a}{c}+\dfrac{b-\dfrac{ad}{c}}{cz+d}=\dfrac{a}{c}+\dfrac{\dfrac{bc-ad}{c^2}}{z+\dfrac{d}{c}}$ と変形できるので

$f_1: w=z+\dfrac{d}{c}$ ($\dfrac{a}{c}$平行移動)

$f_2: w=\overline{z}$ (実軸に関する対称移動)

$f_3: w=\dfrac{1}{\overline{z}}$ (原点を中心とする半径1の円に関する反転)

$f_4: w=\dfrac{bc-ad}{c^2}z$ (原点を中心とする回転拡大)

［$\dfrac{bc-ad}{c^2}$が実数のときは原点を中心とする拡大,

$\left|\dfrac{bc-ad}{c^2}\right|=1$ のときは原点を中心とする回転］

$f_5: w=z+\dfrac{a}{c}$ $\left(\dfrac{a}{c}\text{平行移動}\right)$ とおくと

$$f_5\circ f_4\circ f_3\circ f_2\circ f_1(z)=f_5\circ f_4\circ f_3\circ f_2\left(z+\frac{d}{c}\right)=f_5\circ f_4\circ f_3\left(\overline{z+\frac{d}{c}}\right)=f_5\circ f_4\left(\frac{1}{z+\dfrac{d}{c}}\right)$$

$$=f_5\left(\frac{\dfrac{bc-ad}{c^2}}{z+\dfrac{d}{c}}\right)=\frac{\dfrac{bc-ad}{c^2}}{z+\dfrac{d}{c}}+\frac{a}{c}=\frac{az+b}{cz+d}$$

であるから1次分数変換 f は f_1, f_2, f_3, f_4, f_5 の合成写像である。

［2］ $c=0$ のとき

①は $w=\dfrac{az+b}{d}=\dfrac{a}{d}z+\dfrac{b}{d}$ となり、f は原点中心の回転拡大

と$\frac{b}{d}$平行移動の合成写像である。したがって1次分数変換は広義の円を広義の円に移し、(これを円円対応と呼ぶ) 角を保存する写像であることが分かる。 (終)

以下実数係数の1次分数変換を考える。すなわちRを実数全体の集合とし、

$f: w=\frac{az+b}{cz+d}\ (a, b, c, d \in R \quad c \neq 0, ad-bc>0)$ …②を考える。

mを0でない実数とするとき、$\frac{az+b}{cz+d}=\frac{maz+mb}{mcz+md}$であるから、$ma \cdot md - mb \cdot mc = 1$となるように$m$を決めてもこの変換の値は変わらない。よって1次分数変換②において、一般性を失うことなく$ad-bc=1$と仮定できる。

円束を構成するための準備として1次分数変換fの不動点、すなわち $\frac{az+b}{cz+d}=z$ …③ を満たすzを考える。③の分母を払って整理すると、

$cz^2+(d-a)z-b=0$ …③′ $c \neq 0$よりこれはzの2次方程式である。

③′の判別式をDとすると、

$D=(d-a)^2+4bc=(a+d)^2-4(ad-bc)$

$ad-bc=1$のときは$D=(a+d)^2-4$となる。

1次分数変換の不動点による円束の構成

［双曲型］

I）$D>0$　のとき（$ad-bc=1$　$a+d<-2$,　$2<a+d$ のとき）

不動点を α, β とすると α, β は異なる２つの実数であり、③′から

$$c\alpha^2+(d-a)\alpha-b=0,\quad c\beta^2+(d-a)\beta-b=0$$

$$\Leftrightarrow c\alpha^2-a\alpha=b-d\alpha,\quad c\beta^2-a\beta=b-d\beta$$

$$w-\alpha=\frac{az+b}{cz+d}-\alpha=\frac{az+b-c\alpha z-d\alpha}{cz+d}=\frac{az-c\alpha z+c\alpha^2-a\alpha}{cz+d}$$

$$=\frac{(a-c\alpha)(z-\alpha)}{cz+d}$$

同様に　$w-\beta=\dfrac{(a-c\beta)(z-\beta)}{cz+d}$

$\therefore\dfrac{w-\alpha}{w-\beta}=\dfrac{(a-c\alpha)(z-\alpha)}{(a-c\beta)(z-\beta)}$，$\dfrac{a-c\alpha}{a-c\beta}=k$ とおくと $\dfrac{w-\alpha}{w-\beta}=k\dfrac{z-\alpha}{z-\beta}$

ここで解と係数の関係から $\alpha+\beta=\dfrac{a-d}{c}$, $\alpha\beta=-\dfrac{b}{c}$ であるから

$(a-c\alpha)(a-c\beta)=a^2-ac(\alpha+\beta)+c^2\alpha\beta=a^2-a(a-d)-bc=ad-bc>0$

より、$k>0$ となる。

$T(z)=\dfrac{z-\alpha}{z-\beta}$ とおけば、$T(w)=kT(z)$　となるから、元の複素数平面に対し図形を写像 T で移した平面を「T 平面」と呼ぶ

ことにすると、T平面上では、fは原点Oを中心とする相似比kの相似変換である。そしてT平面におけるfの不動直線C'は原点を通る直線である。

すなわちC'は0と∞を通る広義の円であり、定理3-7より1次分数変換は円円対応という性質をもつから、C'の原像$C=T^{-1}(C')$も、$T^{-1}(0)=\alpha$と$T^{-1}(\infty)=\beta$を通る広義の円である。このことを計算によって確認しておく。

C'は原点を通る直線であるから、その方程式は

$\overline{\gamma}T(z)-\gamma\overline{T(z)}=0$ （γは0と異なる複素数）…④

元の複素平面におけるfの不動曲線$C=T^{-1}(C')$を求めるには、$z\neq\beta$のとき④の$T(z)$を$\dfrac{z-\alpha}{z-\beta}$で置き換えて、

$$\overline{\gamma}\,\frac{z-\alpha}{z-\beta}-\gamma\overline{\left(\frac{z-\alpha}{z-\beta}\right)}=0$$

α,βが実数であることを考慮し、分母を払うと、

$$\overline{\gamma}\,(z-\alpha)(\overline{z}-\beta)-\gamma(\overline{z}-\alpha)(z-\beta)=0$$

整理して$(\overline{\gamma}-\gamma)z\overline{z}-(\beta\overline{\gamma}-\alpha\gamma)z-(\alpha\overline{\gamma}-\beta\gamma)\overline{z}+\alpha\beta(\overline{\gamma}-\gamma)=0$ …⑤

ⅰ） γが実数であるとき、$\overline{\gamma}=\gamma$であるから⑤は$z=\overline{z}$となり実軸を表す。そしてこれは2点$A(\alpha),B(\beta)$を通る直線である。

ⅱ）γが虚数のとき、$\overline{\gamma}-\gamma$は純虚数であり、⑤の両辺を$\overline{\gamma}-\gamma$で割ると、

$$z\overline{z}-\frac{\beta\overline{\gamma}-\alpha\gamma}{\overline{\gamma}-\gamma}z-\frac{\alpha\overline{\gamma}-\beta\gamma}{\overline{\gamma}-\gamma}\overline{z}+\alpha\beta=0$$

変形して

$$\left(z-\frac{\alpha\overline{\gamma}-\beta\gamma}{\overline{\gamma}-\gamma}\right)\overline{\left(z-\frac{\alpha\overline{\gamma}-\beta\gamma}{\overline{\gamma}-\gamma}\right)}=-\frac{(\alpha-\beta)^2|\gamma|^2}{(\overline{\gamma}-\gamma)^2}\quad\cdots⑥$$

$\overline{\gamma}-\gamma$は純虚数より、$(\overline{\gamma}-\gamma)^2<0$　したがって⑥の右辺は正である。

⑥は中心 $\dfrac{\alpha\overline{\gamma}-\beta\gamma}{\overline{\gamma}-\gamma}$、半径$|(\alpha-\beta)\gamma|\sqrt{-\dfrac{1}{(\overline{\gamma}-\gamma)^2}}$の円を表す。

また⑥は$z=\alpha, z=\beta$をともに満たすから、２点$A(\alpha), B(\beta)$を通る円であることが分かる。

つまりfの不動曲線Cは、２点$A(\alpha), B(\beta)$を通る広義の円である。

別の見方をすると、$\dfrac{w-\alpha}{w-\beta}=k\dfrac{z-\alpha}{z-\beta}$で$k$が正の実数であるから

$$arg\left(\frac{w-\alpha}{w-\beta}\right)=arg\left(\frac{z-\alpha}{z-\beta}\right)$$

したがって複素数z, wの表す点をそれぞれZ, Wとすると、$\angle BWA=\angle BZA$であるから、$Z(z), W(w)$は２点$A(\alpha), B(\beta)$を通る同一円周上にあることが分かる。

T平面におけるfの不動曲線C'（すなわち原点を通る直線）と直交しているのは、原点を中心とする円D'である。その方程式は$|T(z)|=r$ …⑦となる。

元の複素数平面におけるD'の原像$D=T^{-1}(D')$を求めるには、

⑥の$T(z)$を$\dfrac{z-\alpha}{z-\beta}$で置き換えて、$\left|\dfrac{z-\alpha}{z-\beta}\right|=r$　これは2点$A(\alpha)$, $B(\beta)$からの距離の比が$r:1$の点の軌跡、すなわちアポロニウスの円を表す。($r=1$のときは線分ABの垂直二等分線)

T平面におけるC'とD'は直交しているから、元の複素平面におけるCとDも直交している。

そしてγ, rが変化するとき、Cは$A(\alpha), B(\beta)$を焦点とする楕円的円束を、Dは$A(\alpha), B(\beta)$を焦点とする双曲的円束を構成する。

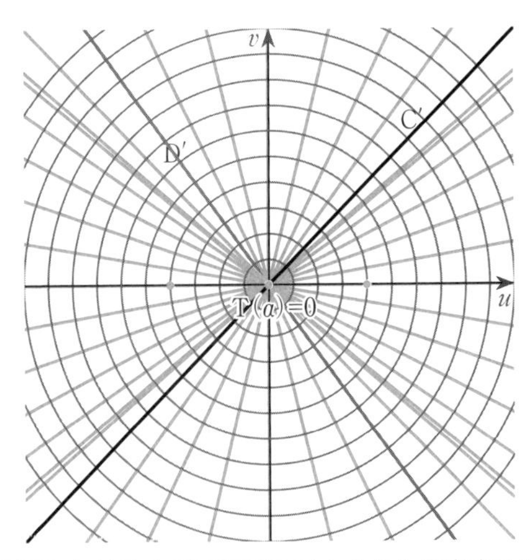

T平面におけるfの不動直線C'とそれと直交する円D'

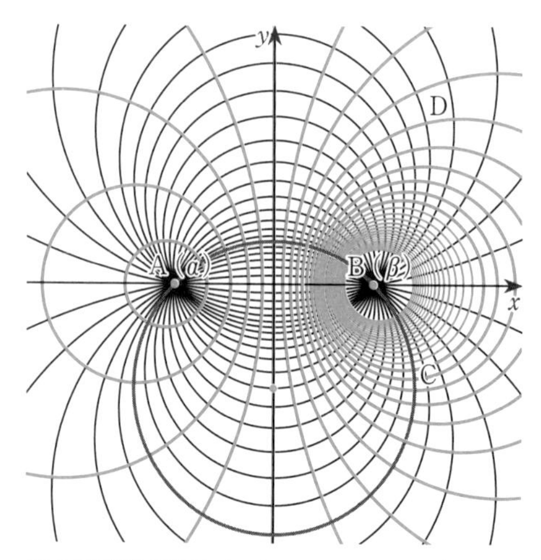

元の複素数平面における C', D' の原像 C, D

例3－1

双曲型１次分数変換の例　$f: w = \dfrac{4z+2}{z+5}$

不動点は　$z = \dfrac{4z+2}{z+5}$ より　$z = -2, 1$

$$\frac{w+2}{w-1} = \frac{\dfrac{4z+2}{z+5}+2}{\dfrac{4z+2}{z+5}-1} = 2\frac{z+2}{z-1}$$

$T(z) = \dfrac{z+2}{z-1}$ とおくと、$T(w) = 2T(z)$

T 平面上の不動直線は原点を通る直線、P.141 左上図の C_1' は原点と $\gamma = 1+2i$ を通る直線、これを T^{-1} で元の複素数平面に戻したものが P.141 右上図の２点 $A(-2)$, $B(1)$ を通る円 C_1、これは f の不動曲線である。

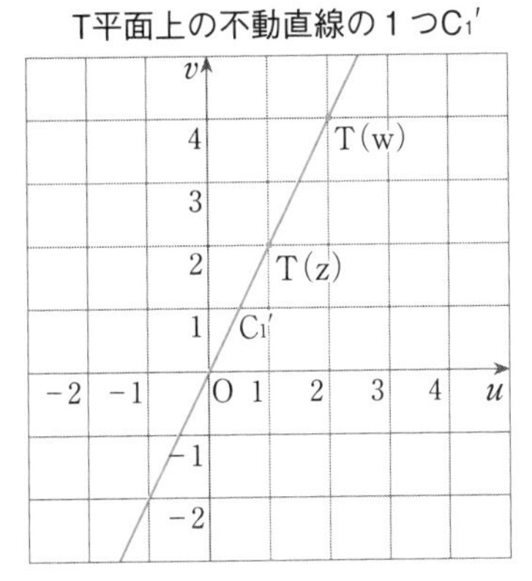

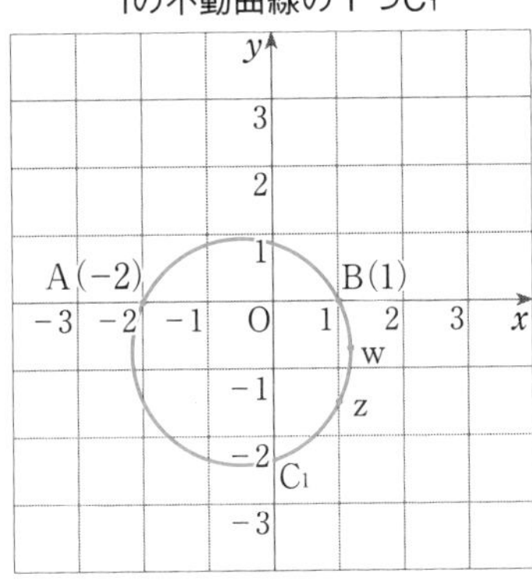

④で$\gamma=1+2i$の場合

γの値をいろいろ変化させると、T平面上の不動直線群、すなわち原点を通る直線群$C'_1, C'_2,$ ……の原像$C_1, C_2,$ ……は２点$A(-2)$, $B(1)$を焦点とする楕円的円束を構成する。

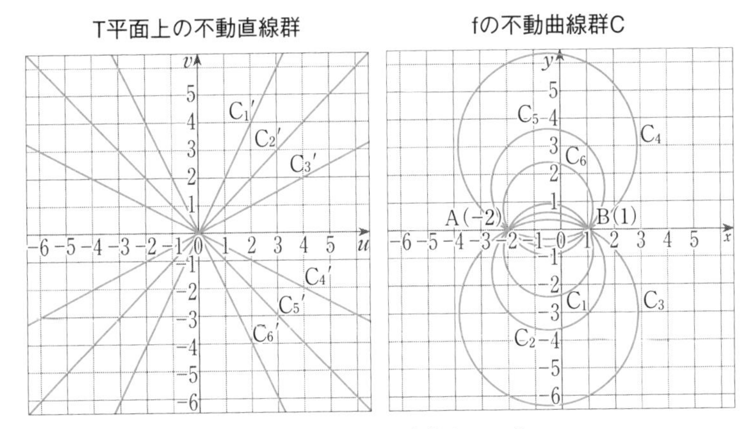

④のγをいろいろ変化させると…

C'と直交する同心円D'

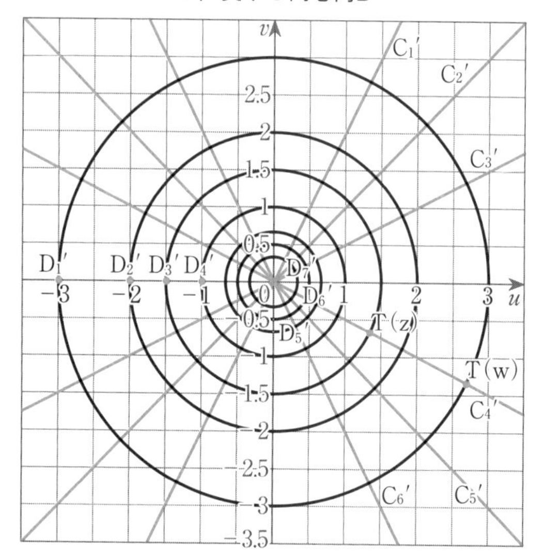

C'_1, C'_2, ……と直交する原点中心の同心円群D'_1, D'_2, …
この図では$D'_1, D'_2, D'_3, , D'_4, , D'_5, , D'_6, , D'_7$の半径は
それぞれ3, 2, $\frac{3}{2}$, 1, $\frac{2}{3}$, $\frac{1}{2}$, $\frac{1}{3}$となっている。

さらにT平面上の原点を中心とする同心円群D'_1, D'_2, …を考えると、これらはC'_1, C'_2, …と直交する。

T平面上の原点を中心とする半径rの円D'をT^{-1}で戻すと、原像Dは$\left|\frac{z+2}{z-1}\right|=r$つまりアポロニウスの円となり、$r$をいろいろ変化させるとこれらは2点$A(-2)$,$B(1)$ を焦点とする双曲的円束D_1, D_2, …を構成する。これらはfの不動曲線C_1, C_2, …と直交している。

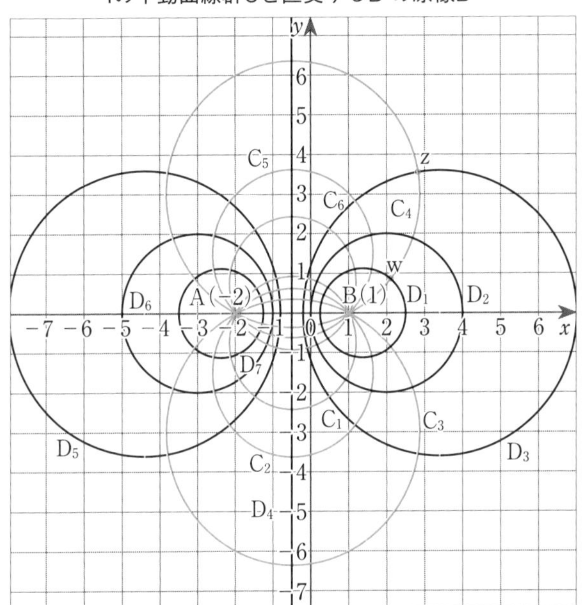

この図を用いると、直交する円束の交点について、そのfによる像を計算なしで求めることができる。例えば上の図のzはC_4とD_3の交点であるが、$T(z)$はT平面上C'_4とD'_3の交点，$T(w)=2T(z)$で、D'_1の半径がD'_3の半径の２倍であるから、$T(w)$はC'_4とD'_1の交点、よってwはC_4とD_1の交点である。

［楕円型］

Ⅱ）$D<0$　のとき、$(ad-bc=1,\ -2<a+d<2$のとき$)$

不動点α、βは異なる２つの互いに共役な虚数となるから、

$\beta=\overline{\alpha}$ と表せる。P.136 の場合と同様に、

$$\frac{w-\alpha}{w-\beta}=\frac{w-\alpha}{w-\overline{\alpha}}=\frac{(a-c\alpha)(z-\alpha)}{(a-c\overline{\alpha})(z-\overline{\alpha})} \qquad \frac{a-c\alpha}{a-c\overline{\alpha}}=k \text{ とおくと}$$

$\dfrac{w-\alpha}{w-\overline{\alpha}}=k\dfrac{z-\alpha}{z-\overline{\alpha}}$ となるが、a, c は実数であるから

$$|k|^2=\left|\frac{a-c\alpha}{a-c\overline{\alpha}}\right|^2=\left(\frac{a-c\alpha}{a-c\overline{\alpha}}\right)\overline{\left(\frac{a-c\alpha}{a-c\overline{\alpha}}\right)}=\left(\frac{a-c\alpha}{a-c\overline{\alpha}}\right)\left(\frac{a-c\overline{\alpha}}{a-c\alpha}\right)=1$$

よって k は $|k|=1$ を満たす複素数であるから、その偏角を θ とすると

$$k=\cos\theta+i\sin\theta$$

$T(z)=\dfrac{z-\alpha}{z-\overline{\alpha}}$ とおくと $T(w)=kT(z)$ であり、元の複素数平面と図形を T で移した平面を T 平面と呼ぶことにすると、T 平面上では、f は原点のまわりの角 θ の回転移動を表す。T 平面における f の不動曲線 C' は原点を中心とする円であり、その方程式は $|T(z)|=r$ である。

もとの複素平面における f の不動曲線 $C=T^{-1}(C')$ を求めるには、$T(z)$ を $\dfrac{z-\alpha}{z-\overline{\alpha}}$ で置き換えて、$\left|\dfrac{z-\alpha}{z-\overline{\alpha}}\right|=r$。これは 2 点 $A(\alpha), B(\overline{\alpha})$ からの距離の比が $r:1$ の点の軌跡、すなわちアポロニウスの円を表す。($r=1$ のときは線分 AB の垂直二等分線)

T 平面において、C' と直交する図形 D' は原点を通る直線すなわち 0 と ∞ を通る広義の円であり、定理 3-7 より 1 次分数変換

は円円対応という性質をもつから、D'の原像$D=T^{-1}(D')$ も、$T^{-1}(0)=\alpha$と$T^{-1}(\infty)=\overline{\alpha}$を通る広義の円である。このことを計算によって確認しておく。

D'は原点を通る直線であるから、その方程式は

$\overline{\gamma}\,T(z)-\gamma\,\overline{T(z)}=0$　（γは０と異なる複素数）

もとの複素平面におけるD'の原像$D=T^{-1}(D')$を求めるには、$T(z)$を$\dfrac{z-\alpha}{z-\overline{\alpha}}$で置き換えて、

$$\overline{\gamma}\left(\frac{z-\alpha}{z-\overline{\alpha}}\right)-\gamma\overline{\left(\frac{z-\alpha}{z-\overline{\alpha}}\right)}=0$$

分母を払って　$\overline{\gamma}(z-\alpha)(\overline{z}-\alpha)-\gamma(\overline{z}-\overline{\alpha})(z-\overline{\alpha})=0$

整理して

$(\overline{\gamma}-\gamma)z\overline{z}-(\alpha\overline{\gamma}-\overline{\alpha}\gamma)z-(\alpha\overline{\gamma}-\overline{\alpha}\gamma)\overline{z}+\alpha^2\overline{\gamma}-(\overline{\alpha})^2\gamma=0$ …⑧

ｉ）γが実数のとき、$\overline{\gamma}=\gamma$であるから⑧は$z+\overline{z}=\alpha+\overline{\alpha}$　すなわち　$(z-\alpha)+\overline{(z-\alpha)}=0$

したがって$z-\alpha$が純虚数となるので、⑧は$A(\alpha)$を通り実軸に垂直な直線となる。そしてこれは２点$A(\alpha)$, $B(\overline{\alpha})$を通る直線でもある。

ii）γが虚数のとき、$\overline{\gamma}-\gamma$は純虚数であり、⑧の両辺を$\overline{\gamma}-\gamma$で割ると、

$$z\overline{z}-\frac{\alpha\overline{\gamma}-\overline{\alpha}\gamma}{\overline{\gamma}-\gamma}z-\frac{\alpha\overline{\gamma}-\overline{\alpha}\gamma}{\overline{\gamma}-\gamma}\overline{z}+\frac{\alpha^2\overline{\gamma}-(\overline{\alpha})^2\gamma}{\overline{\gamma}-\gamma}=0$$

変形して $\left(z-\dfrac{\alpha\overline{\gamma}-\overline{\alpha}\gamma}{\overline{\gamma}-\gamma}\right)\overline{\left(z-\dfrac{\alpha\overline{\gamma}-\overline{\alpha}\gamma}{\overline{\gamma}-\gamma}\right)}=\dfrac{(\overline{\alpha}-\alpha)^2|\gamma|^2}{(\overline{\gamma}-\gamma)^2}$ …⑨

$\overline{\alpha}-\alpha$, $\overline{\gamma}-\gamma$ は純虚数であるから⑨の右辺は正

⑨は中心 $\dfrac{\alpha\overline{\gamma}-\overline{\alpha}\gamma}{\overline{\gamma}-\gamma}$　半径 $|\gamma|\sqrt{\dfrac{(\overline{\alpha}-\alpha)^2}{(\overline{\gamma}-\gamma)^2}}$ の円を表す。これが図形 D である。

また⑨は $z=\alpha$, $z=\overline{\alpha}$ をともに満たすから、2点 $A(\alpha)$, $B(\overline{\alpha})$ を通る円であることが分かる。

そして γ, r が変化するとき、C は $A(\alpha)$, $B(\overline{\alpha})$ を焦点とする双曲的円束を、D は $A(\alpha)$, $B(\overline{\alpha})$ を焦点とする楕円的円束を構成する。

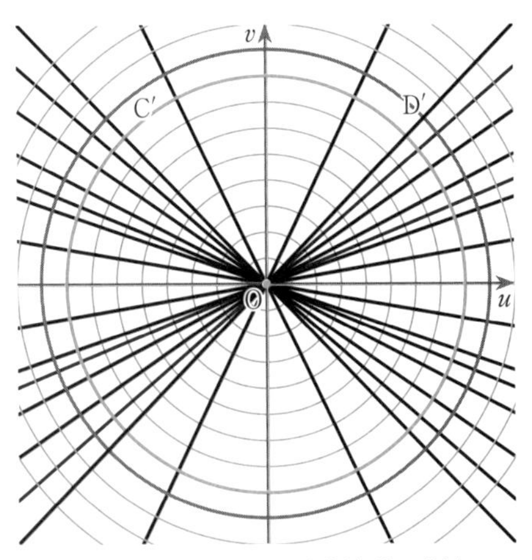

T平面におけるfの不動曲線群C'(青)とそれと直交するD'(黒)

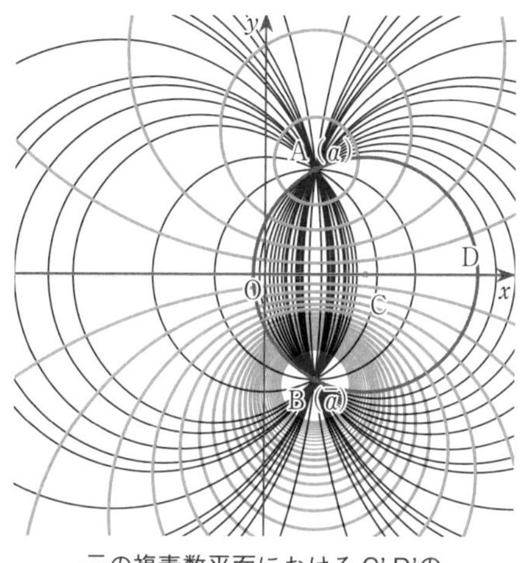

元の複素数平面における C',D'の
原像 C（青）、D（黒）

例３－２

楕円型１次分数変換の例　$f:\ w=\dfrac{2z-1}{z+1}$

不動点は　$z=\dfrac{2z-1}{z+1}$ より　$z=\dfrac{1+\sqrt{3}i}{2},\ =\dfrac{1-\sqrt{3}i}{2}$

$$\frac{w-\dfrac{1+\sqrt{3}i}{2}}{w-\dfrac{1-\sqrt{3}i}{2}}=\frac{\dfrac{2z-1}{z+1}-\dfrac{1+\sqrt{3}i}{2}}{\dfrac{2z-1}{z+1}-\dfrac{1-\sqrt{3}i}{2}}=\frac{1-\sqrt{3}i}{2}\cdot\frac{z-\dfrac{1+\sqrt{3}i}{2}}{z-\dfrac{1-\sqrt{3}i}{2}}$$

$$T(z)=\frac{z-\dfrac{1+\sqrt{3}i}{2}}{z-\dfrac{1-\sqrt{3}i}{2}}$$ とおくと、

$$T(w)=\frac{1-\sqrt{3}i}{2}T(z)=\left(\cos\left(-\frac{\pi}{3}\right)+i\sin\left(-\frac{\pi}{3}\right)\right)T(z)$$

T 平面上の不動曲線は原点を中心とする円、左下図の C_1' は原点を中心とする半径３の円、これを T^{-1} で元の複素数平面に戻したものが、右下図の２点

$A\left(\dfrac{1+\sqrt{3}i}{2}\right), B\left(\dfrac{1-\sqrt{3}i}{2}\right)$ からの距離の比が３：１であるアポロニウスの円 C_1、これは f の不動曲線である。

T平面上の不動曲線の1つ C1'

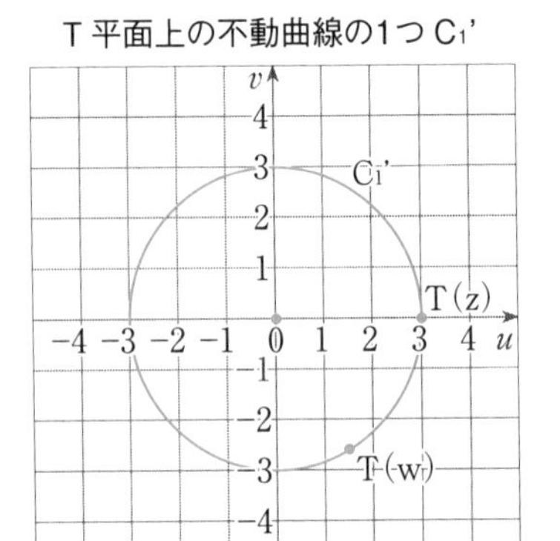

fの不動曲線の1つ(アポロニウスの円)

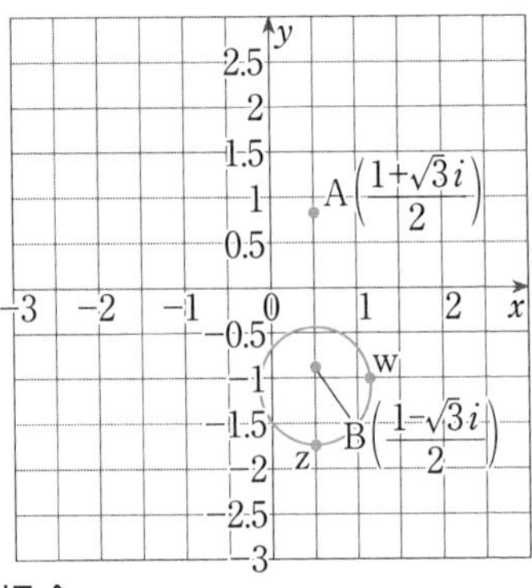

r＝3の場合

r の値をいろいろ変化させると、T 平面上の原点を中心とする同心円群 $C'_1, C'_2, \cdots$ の原像 $C_1, C_2, \cdots$ は２点 $A\left(\dfrac{1+\sqrt{3}i}{2}\right), B\left(\dfrac{1-\sqrt{3}i}{2}\right)$ を焦点とする双曲的円束を構成する。

T 平面上の原点を中心とする同心円群'

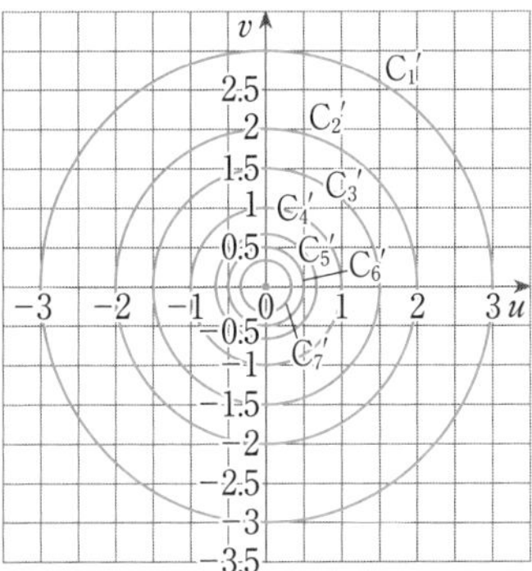

$C'_1, C'_2, C'_3, C'_4, C'_5, C'_6, C'_7$ の半径はそれぞれ $3, 2, \frac{3}{2}, 1, \frac{2}{3}, \frac{1}{2}, \frac{1}{3}$

f の不動曲線群

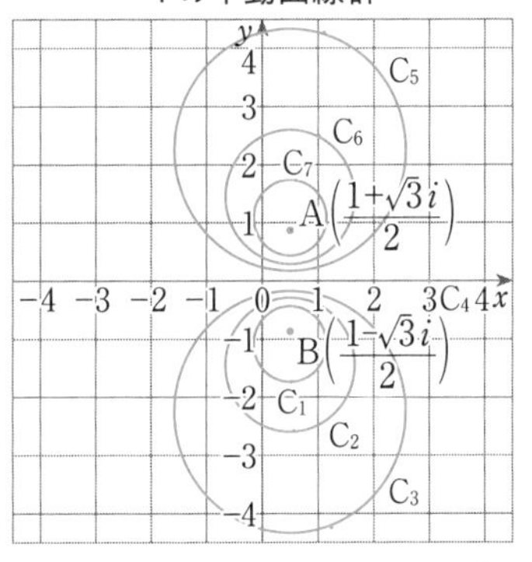

$C'_1, C'_2, \cdots$ を T^{-1} で戻した $C_1, C_2, \cdots$ は 2 点 A$\left(\frac{1+\sqrt{3}i}{2}\right)$，B$\left(\frac{1-\sqrt{3}i}{2}\right)$ を焦点とする双曲的円束を構成する。

さらに T 平面上の原点を通る直線群 $D'_1, D'_2, \cdots$ を考えると、これらは $C'_1, C'_2, \cdots$ と直交する。

同心円 C'と直交する直線群 D'

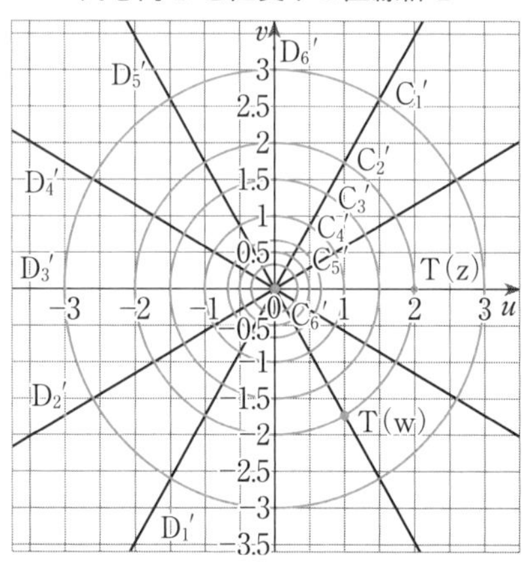

$C'_1, C'_2, \cdots$と直交する原点を通る直線群$D'_1, D'_2, \cdots$, この図では$D'_1, D'_2, D'_3, D'_4, D'_5, D'_6$の傾きはそれぞれ

$\tan\dfrac{\pi}{3}=\sqrt{3}, \tan\dfrac{\pi}{6}=\dfrac{1}{\sqrt{3}}, 0, \tan\left(-\dfrac{\pi}{6}\right)=-\dfrac{1}{\sqrt{3}}, \tan\left(-\dfrac{\pi}{3}\right)=-\sqrt{3}, \infty$

となっている。

そして$D'_1, D'_2, \cdots$をT^{-1}で戻した原像$D_1, D_2, \cdots$は、2点$A\left(\dfrac{1+\sqrt{3}i}{2}\right), B\left(\dfrac{1-\sqrt{3}i}{2}\right)$を焦点とする楕円的円束を構成する。

fの不動曲線群Cとそれと直交する円D

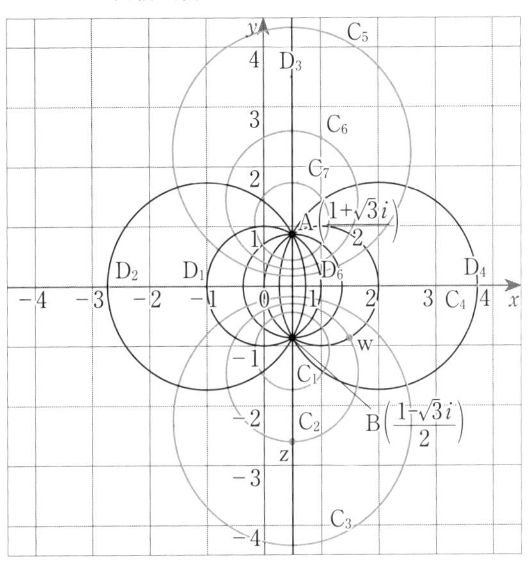

この図を用いると、直交する円束の交点について、そのfによる像を計算なしで求めることができる。例えば上の図のzはC_2とD_3の交点であるが、$T(z)$はP.150の図のT平面上C_2'と

D'_3の交点,$T(w)=\left(\cos\left(-\frac{\pi}{3}\right)+i\sin\left(-\frac{\pi}{3}\right)\right)T(z)$で、$T(z)$を

原点の周りに$-\frac{\pi}{3}$だけ回転させた点はC'_2とD'_5の交点で、これが$T(w)$, よってwはC_2とD_5の交点である。

［放物型］

Ⅲ）$D=0$　のとき、($ad-bc=1,\quad a+d=\pm2$のとき)

③′は実数の重解 $\alpha=\dfrac{a-d}{2c}$ をもつ。これより $d=a-2c\alpha$

α は③′の解であるから $c\alpha^2+(d-a)\alpha-b=0$

よって $b-d\alpha=c\alpha^2-a\alpha$

以上から $w-\alpha=\dfrac{az+b-c\alpha z-d\alpha}{cz+d}=\dfrac{az-c\alpha z+c\alpha^2-a\alpha}{c(z-\alpha)+c\alpha+d}$

$$=\frac{(a-c\alpha)(z-\alpha)}{c(z-\alpha)+c\alpha+a-2c\alpha}=\frac{(a-c\alpha)(z-\alpha)}{c(z-\alpha)+a-c\alpha}$$

$$\therefore\frac{1}{w-\alpha}=\frac{c(z-\alpha)+a-c\alpha}{(a-c\alpha)(z-\alpha)}=\frac{c}{a-c\alpha}+\frac{1}{z-\alpha}$$

$\dfrac{c}{a-c\alpha}=k,\ T(z)=\dfrac{1}{z-\alpha}$ とおくと、k は実数であり、

$$T(w)=T(z)+k$$

元の複素数平面と図形を T で移した平面を T 平面と呼ぶことにすると、T 平面上では、f は実軸方向に k 移動する平行移動である。

T 平面上の f の不動曲線 C' は、実軸に平行な直線であり、その方程式は $T(z)-\gamma=\overline{T(z)-\gamma}$ …⑩（γ は0と異なる複素数）

元の複素数平面における f の不動曲線 $C=T^{-1}(C')$ を求めるには、$z\neq\alpha$ のとき⑩の $T(z)$ を $\dfrac{1}{z-\alpha}$ で置き換えて、

$$\frac{1}{z-\alpha}-\gamma=\overline{\frac{1}{z-\alpha}-\gamma}$$

αが実数であることを考慮し、分母を払って整理すると、

$(\gamma-\overline{\gamma})z\overline{z}-(\alpha\gamma-\alpha\overline{\gamma}-1)z-(\alpha\gamma-\alpha\overline{\gamma}+1)\overline{z}+\alpha^2(\gamma-\overline{\gamma})=0$ …⑪

ⅰ）γが実数のとき、$\gamma=\overline{\gamma}$より⑪は$z-\alpha=\overline{z-\alpha}$ となり、これは点$A(\alpha)$を通り実軸に平行な直線、すなわち実軸になる。

ⅱ）γが虚数のとき、⑪の両辺を$\gamma-\overline{\gamma}$で割って

$$z\overline{z}-\left(\alpha-\frac{1}{\gamma-\overline{\gamma}}\right)z-\left(\alpha+\frac{1}{\gamma-\overline{\gamma}}\right)\overline{z}+\alpha^2=0$$

変形して、$\left\{z-\left(\alpha+\frac{1}{\gamma-\overline{\gamma}}\right)\right\}\overline{\left\{z-\left(\alpha+\frac{1}{\gamma-\overline{\gamma}}\right)\right\}}=-\frac{1}{(\gamma-\overline{\gamma})^2}$ …⑫

$\gamma-\overline{\gamma}$は純虚数であるから⑫の右辺は正である。よって⑫は

中心$\alpha+\frac{1}{\gamma-\overline{\gamma}}$、半径$\sqrt{-\frac{1}{(\gamma-\overline{\gamma})^2}}$の円を表す。

⑫は$z=\alpha$を満たすから、この円は点$A(\alpha)$を通る。また$\gamma-\overline{\gamma}$が純虚数であり、

$$\left|\left(\alpha+\frac{1}{\gamma-\overline{\gamma}}\right)-\alpha\right|=\left|\frac{1}{\gamma-\overline{\gamma}}\right|=\sqrt{-\frac{1}{(\gamma-\overline{\gamma})^2}}$$

となることから、円⑫は点$A(\alpha)$で実軸に接することが分かる。

別の見方をすると、$T^{-1}(z)=\frac{1}{z}+\alpha$であり、原点を中心とする半径１の円に関する反転を$\varphi(z)$とおくと、$\varphi(z)=\frac{1}{\overline{z}}$であるから、$T^{-1}(z)=\overline{\varphi(z)}+\alpha$。

よってT平面におけるfの不動曲線である実軸に平行な直線C'について、定理2-1-1, 2-1-2より$\varphi(C')$は原点Oで実軸に

接する広義の円、$\overline{\varphi(C')}$はそれを実軸に関し対称移動したものなので、$C=T^{-1}(C')=\overline{\varphi(C')}+\alpha$ は点 $A(\alpha)$で実軸に接する広義の円であることが分かる。

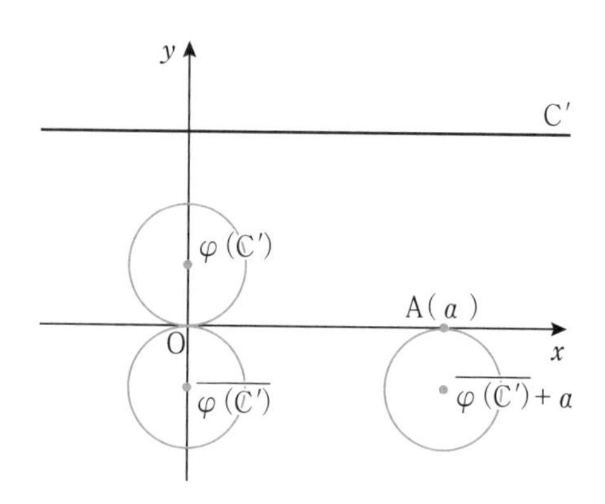

つまり不動曲線 C は点 $A(\alpha)$で実軸に接する広義の円である。そして γ が変化すると、C は点 $A(\alpha)$を焦点とする放物的円束を構成する。

T 平面において、C'と直交する図形 D'は実軸に垂直な直線であり、その方程式は $(T(z)-\gamma)+\overline{(T(z)-\gamma)}=0$ （γ は0と異なる複素数）である。

もとの複素数平面における D'の原像 $D=T^{-1}(D')$を求めるには、z を $\dfrac{1}{z-\alpha}$ で置き換えて、

$$\left(\frac{1}{z-\alpha}-\gamma\right)+\overline{\left(\frac{1}{z-\alpha}-\gamma\right)}=0$$

aが実数であることを考慮し、分母を払って整理すると、

$(\gamma+\overline{\gamma})z\overline{z}-(a\gamma+a\overline{\gamma}+1)z-(a\gamma+a\overline{\gamma}+1)\overline{z}+a^2(\gamma+\overline{\gamma})+2a=0$ …⑬

ⅰ）γが純虚数であるとき、$\gamma+\overline{\gamma}=0$であるから、⑬は

$z+\overline{z}-2a=0$ すなわち $(z-a)+\overline{(z-a)}=0$

これは点$A(a)$を通り実軸に垂直な直線を表す。

ⅱ）γが純虚数でないとき、⑬の両辺を$\gamma+\overline{\gamma}$で割って

$$z\overline{z}-\left(a+\frac{1}{\gamma+\overline{\gamma}}\right)z-\left(a+\frac{1}{\gamma+\overline{\gamma}}\right)\overline{z}+a^2+\frac{2a}{\gamma+\overline{\gamma}}=0$$

変形して $\left\{z-\left(a+\frac{1}{\gamma+\overline{\gamma}}\right)\right\}\overline{\left\{z-\left(a+\frac{1}{\gamma+\overline{\gamma}}\right)\right\}}=\left(\frac{1}{\gamma+\overline{\gamma}}\right)^2$ …⑭

⑭は中心$a+\frac{1}{\gamma+\overline{\gamma}}$、半径$\frac{1}{|\gamma+\overline{\gamma}|}$の円を表す。また$\frac{1}{\gamma+\overline{\gamma}}$が実数であり、$\left|\left(a+\frac{1}{\gamma+\overline{\gamma}}\right)-a\right|=\frac{1}{|\gamma+\overline{\gamma}|}$であることから、⑭は点$A(a)$で、点$A(a)$を通る実軸に垂直な直線に接する円である。

すなわち原像Dは点$A(a)$で、点$A(a)$を通る実軸に垂直な直線に接する広義の円である。

γが変化すると、Dは点$A(a)$を焦点とする放物的円束を構成し、C', D'は直交するから、２つの放物的円束C, Dも互いに直交している。

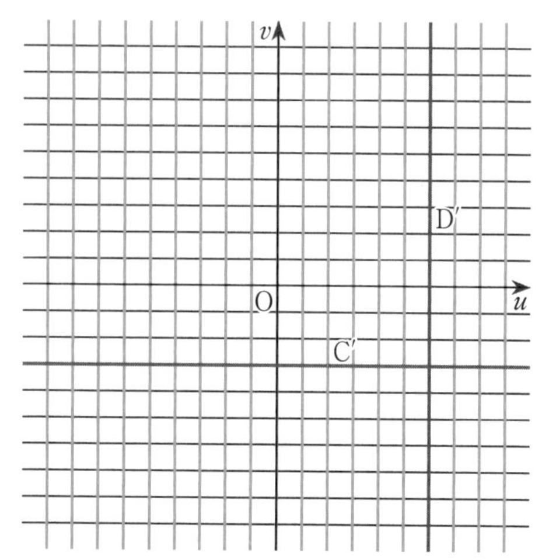

T 平面における f の不動直線 C'（黒）と
それに直交する直線 D'（青）

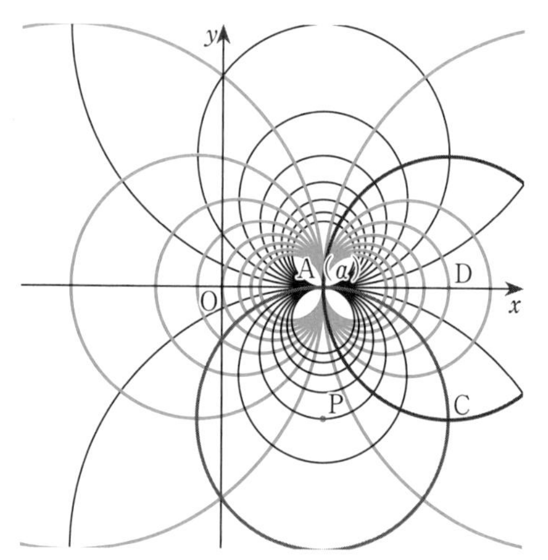

元の複素数平面における C', D' の原像 C（黒），D（青）

例３－３

放物型１次分数変換の例　$f : w = \dfrac{z-4}{z-3}$

不動点は $z = \dfrac{z-4}{z-3}$ より $z=2$

$$\frac{1}{w-2} = \frac{1}{\dfrac{z-4}{z-3}-2} = \frac{1}{z-2} - 1$$

$T(z) = \dfrac{1}{z-2}$ とおくと、$T(w) = T(z) - 1$

T 平面上の不動直線は実軸に平行な直線、左下図の C_1' は点 $3i$ を通り実軸に平行な直線、これを T^{-1} で元の複素数平面に戻したものが右下図の点 $A(2)$ で実軸に接する円 C_1、これは f の不動曲線である。

T 平面上の不動直線の１つ

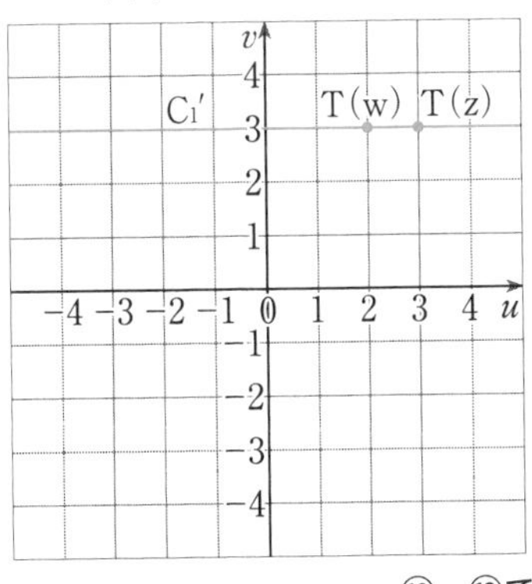

f の不動曲線の１つ

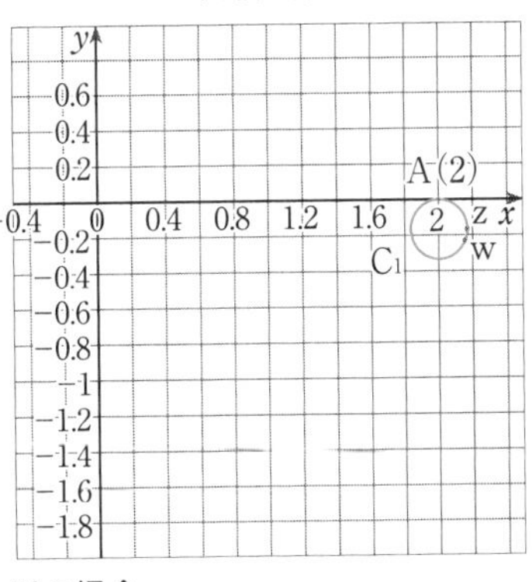

⑩，⑫で $\gamma=3i$ の場合

γの値をいろいろ変化させると、T平面上の実軸に平行な直線群$C'_1, C'_2, \cdots$の原像$C_1, C_2, \cdots$は点$A(2)$を焦点とする放物的円束を構成する。

T 平面上の不動直線群

$C'_1, C'_2, C'_3, C'_4, C'_5, C'_6, C'_7$はそれぞれ
$3i, 2i, i, 0, -i, -2i, -3i$を通る実軸に平行な直線

f の不動曲線群

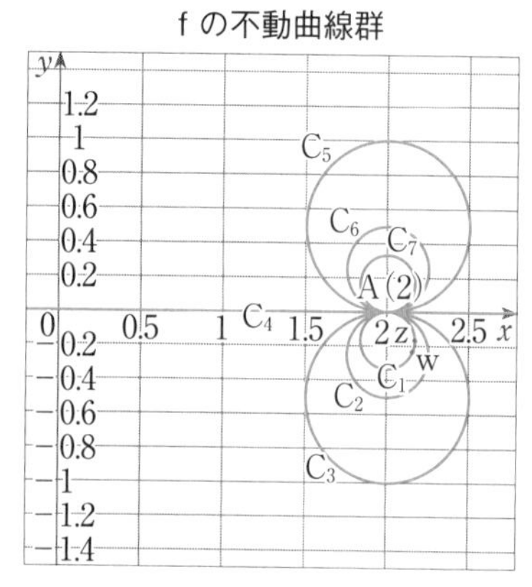

$C'_1, C'_2, \cdots$をT^{-1}で戻した$C_1, C_2, \cdots$は点$A(2)$を焦点とする放物的円束を構成する。

$C'_1, C'_2, \cdots$を T^{-1} で戻した $C_1, C_2, \cdots$は点 $A(2)$ を焦点とする放物的円束を構成する。

さらに T 平面上の実軸に垂直な直線群 $D'_1, D'_2, \cdots$を考えると、これらは $C'_1, C'_2, \cdots$と直交する。

C'と直交する直線群 D'

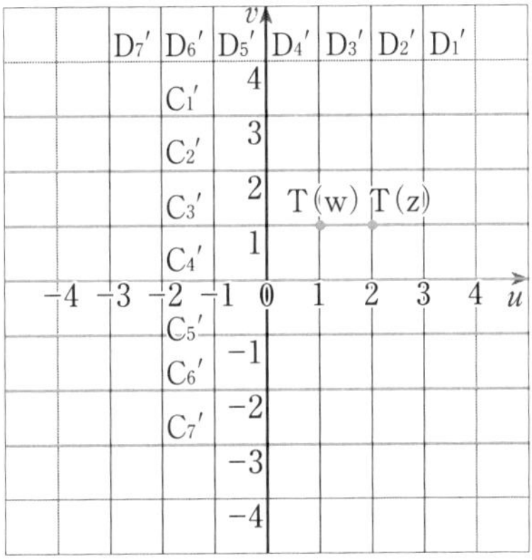

C′1, C′2, …と直交する実軸に垂直な直線群 D′1, D′2, …,

そして $D'_1, D'_2, \cdots$を T^{-1} で戻した原像 $D_1, D_2, \cdots$は、$A(2)$ を焦点とし、$C_1, C_2, \cdots$と直交する放物的円束を構成する。これらは点 $A(2)$ を通る実軸に垂直な直線に接する。

f の不動曲線群 C に直交する曲線群 D

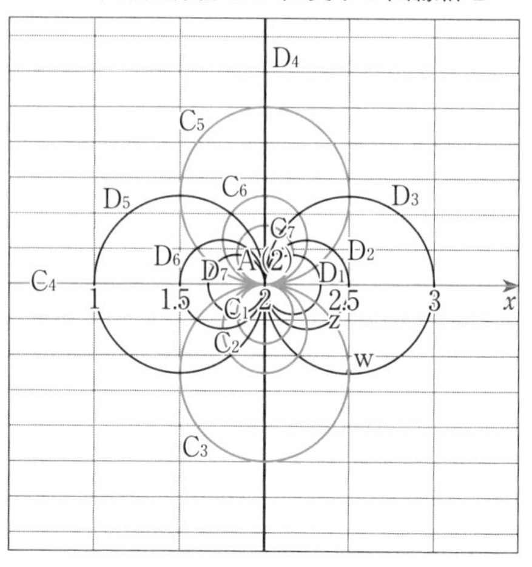

この図を用いると、直交する円束の交点について、その f による像を計算なしで求めることができる。例えば上図の z は C_3 と D_2 の交点であるが、$T(z)$ は P.159 下図 T 平面上 C'_3 と D'_2 の交点 , $T(w) = T(z) - 1$ で、$T(z)$ を実軸方向に－１平行移動させた点は C'_3 と D'_3 の交点で、これが $T(w)$, よって w は C_3 と D_3 の交点である。

第 4 章

虚点の視覚化について

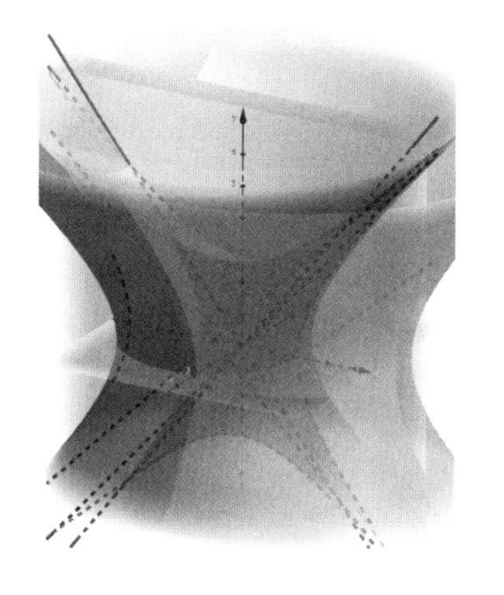

この章ではこれまで考察対象にしていなかった「虚点」「虚円」について考察し、この視覚化を試みることにより、根軸、円束、極線について新たな視点で見直す。

1 根軸についての再考

第1章で見たように、同心円でない2円の根軸とは、2円が交わる場合は、その交点を通る直線になるが、交わらない場合もある。そこで方べきの値というものを考え、2円が同心円でない限り、どんな位置関係にあろうと、2円の根軸とは2円に関する方べきの値が等しい点の軌跡なのであった。

しかし2円が交わらない場合でも、「虚の共有点」なら考えられる。虚の共有点と根軸の間に何か関わりがあるのではないか？このことを例をあげて考察する。

焦点が$(-c, 0)$, $(c, 0)$　$(c>0)$であり、x軸を中心軸、y軸を根軸にもつ双曲的円束に属する異なる2円

$$C_1 : (x-a_1)^2+y^2=a_1{}^2-c^2, C_2 : (x-a_2)^2+y^2=a_2{}^2-c^2$$

$(a_1 \neq a_2, |a_j|>c \ (j=1, 2))$ を考える。第1章で見たように、これらは共有点をもたない。

例4－1

例えば$a_1=-2$, $a_2=2, c=\sqrt{3}$の場合、$C_1 : (x+2)^2+y^2=1$,

C_2：$(x-2)^2+y^2=1$となる。連立方程式を解くことにより、この２円の虚の共有点の座標は$A(0, \sqrt{3}i)$，$B(0, -\sqrt{3}i)$となる。この２点A, Bはxy平面上には存在しないが、これを視覚化することを試みる。

A, Bのx座標は実数であるが、y座標は虚数であるから、yを改めて$y+zi$（y, zは実数）とおき、C_1, C_2の方程式に代入すると

$$C_1 : (x+2)^2+(y+zi)^2=1 \Leftrightarrow (x+2)^2+y^2-z^2+2yzi=1$$

$$C_2 : (x-2)^2+(y+zi)^2=1 \Leftrightarrow (x-2)^2+y^2-z^2+2yzi=1$$

x, y, zは実数であるから、$(x+2)^2+y^2-z^2=1$ …①，$(x-2)^2+y^2-z^2=1$ …②，$yz=0$ …③

③より$y=0$または$z=0$

$y=0$のとき、①、②はそれぞれxz平面上の双曲線$(x+2)^2-z^2=1$ …①′，$(x-2)^2-z^2=1$ …②′を表し、双曲線①′，②′の交点は$(0, 0, \sqrt{3})$，$(0, 0, -\sqrt{3})$となる。これがC_1, C_2の虚の共有点A, Bを視覚化したものである。

$z=0$のとき、①、②はそれぞれxy平面上の円$(x+2)^2+y^2=1$，$(x-2)^2+y^2=1$を表す。

xyz空間において、方程式$x=0$で表される平面はyz平面であるが、これは２点$(0, 0, \sqrt{3})$，$(0, 0, -\sqrt{3})$を通り、中心軸$y=z=0$に垂直な平面になっている。つまりxyz空間で考えれば、根軸とは２円の（虚）交点を通り中心軸に垂直な平面ということができる。

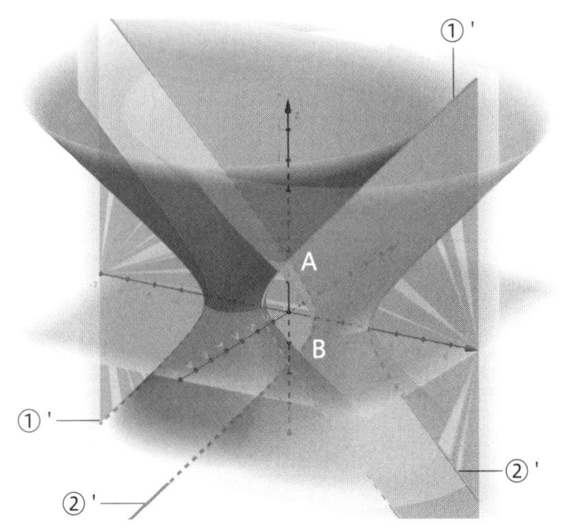

一葉双曲面①，②を平面 $y=0$ で切断してできる双曲線①'，②'，
①'，②'の交点が、C_1, C_2 の虚の共有点 A, B を視覚化したもの

一般に焦点が $(-c, 0)$，$(c, 0)$ $(c>0)$ であり、x 軸を中心軸、y 軸を根軸にもつ双曲的円束に属する異なる２円

$$C_1: (x-a_1)^2+y^2=a_1{}^2-c^2, C_2: (x-a_2)^2+y^2=a_2{}^2-c^2$$

$(a_1 \neq a_2, |a_j|>c\ (j=1,2))$ の虚の共有点 $A(0, ci), B(0, -ci)$ は、上と同様な手法により xyz 空間内の２点 $(0, 0, c)$，$(0, 0, -c)$ によって視覚化でき、根軸 $x=0$ はこの２点を通り中心軸に垂直な平面ということができる。

例４－２

例４−１では交わらない２円の虚交点の x 座標は実数であったが、次は x 座標、y 座標ともに虚数である場合について考察する。

２円 $C_1: x^2+y^2=4$, $C_2: (x-2)^2+(y-4)^2=4$ を考えると、$\sqrt{2^2+4^2}>2+2$ からこの２円は共有点をもたない。中心軸は２点 $(0,0)$, $(2,4)$ を通る直線であるから、その方程式は $y=2x$、また２つの方程式から２次の項を消去すると $x+2y-5=0$ これが根軸の方程式である。連立方程式を解くことにより、虚交点

$A\left(1+\frac{2\sqrt{5}}{5}i,\ 2-\frac{\sqrt{5}}{5}i\right)$, $B\left(1-\frac{2\sqrt{5}}{5}i,\ 2+\frac{\sqrt{5}}{5}i\right)$を得る。この虚交点を完全に視覚化することは x 座標の実部、x 座標の虚部、y 座標の実部、y 座標の虚部という４つの要素があるため、３次元空間では不可能なのであるが、見えるところまで視覚化を試みる。

A, B の x 座標、y 座標共に虚数であるから、$x=x+wi$, $y=y+zi$（x, y, w, z は実数）とおいて、C_1, C_2 の方程式に代入すると、

$$C_1: (x+wi)^2+(y+zi)^2=4$$

$$\Leftrightarrow x^2-w^2+y^2-z^2+2(xw+yz)i=4$$

$$C_2: (x-2+wi)^2+(y-4+zi)^2=4$$

$$\Leftrightarrow (x-2)^2-w^2+(y-4)^2-z^2+2\{(x-2)w+(y-4)z\}i=4$$

x, y, w, z は実数であるから

$x^2-w^2+y^2-z^2=4 \cdots$①　　$xw+yz=0 \cdots$②

$(x-2)^2-w^2+(y-4)^2-z^2=4 \cdots$③　$(x-2)w+(y-4)z=0 \cdots$④

C_1 は超曲面②上の２次超曲面①、C_2 は超曲面④上の２次超

曲面③と考えられる。②、④より $w=-2z$ …⑤。⑤は超曲面②、④の共通超曲面である。⑤を①、③それぞれに代入して

$x^2+y^2-5z^2=4$ …①'　$(x-2)^2+(y-4)^2-5z^2=4$ …③'

①'は2次超曲面①を共通超曲面⑤で切断した2次曲面、③'は2次超曲面③を共通直曲面⑤で切断した2次曲面である。

①'、③'より2次の項を消去すると $x+2y-5=0$ …⑥これは根軸の方程式になっている。また②、⑤より w を消去すると $-2xz+yz=0 \Leftrightarrow z(y-2x)=0 \Leftrightarrow z=0$ または $y=2x$ となり $z=0$ のとき、①'、③'はそれぞれ

$x^2+y^2=4$ …①''　$(x-2)^2+(y-4)^2=4$ …③''（xy 平面上の円）となり $y=2x$（これは中心軸の方程式と一致している。）のとき、①'、③'はそれぞれ

$5x^2-5z^2=4$ …①'''　$5(x-2)^2-5z^2=4$ …③'''（xz 平面上の双曲線）となる。

①'''、③'''を連立させて解くと、$(x,z)=\left(1,\ \pm\frac{\sqrt{5}}{5}\right)$を得て、

$y=2x$ に代入して $(x,y,z)=\left(1,2,\ \pm\frac{\sqrt{5}}{5}\right)$　さらに⑤から

$(x,w,y,z)=\left(1,\ \mp\frac{2\sqrt{5}}{5},2,\ \pm\frac{\sqrt{5}}{5}\right)$（複号同順）となる。これは

⑥を満たしている。

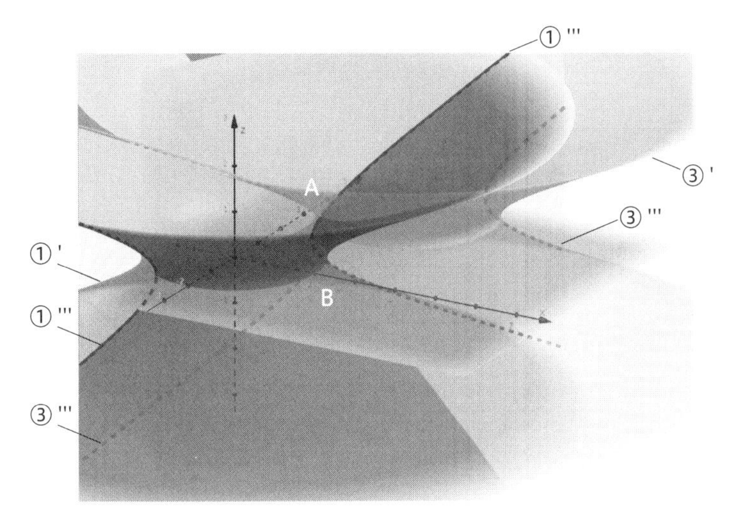

一葉双曲面① '、③ ' を平面 y = 2x で切断してできる双曲線① '''、③ '''。この双曲線① '''、③ ''' の交点が、虚交点 A, B の x 座標の虚部以外を視覚化したもの

根軸⑥は、「虚交点 A, B を通り中心軸に垂直な平面」ということができる。

このように、虚交点の y 座標の虚部を z 座標で表現することにより、平面上の虚交点は３次元空間内に視覚化され、それは根軸上に存在する。そして根軸とは、「虚交点を通り中心軸に垂直な平面」なのであり、これと xy 平面との交線が、第１章で考えた従来の意味での根軸と考えられる。

また例４−２において、虚交点の実部だけをとった点 $P(1, 2)$ について考えてみると、この点 P は xy 平面における C_1, C_2 の根軸 $x+2y-5=0$ と中心軸 $y=2x$ の交点になっている。すなわち虚交点の実部は、根軸と中心軸の交点として現れる。虚交点は目に見えないが、この点Pは、いわば虚交点の影のようなものである。

命題4-1 同心円ではない共有点をもたない2円C_1, C_2の虚交点の実部だけをとった点は、C_1, C_2の根軸と中心軸の交点である。

証明 $C_1 : x^2+y^2=r_1{}^2 \cdots$① $C_2 : (x-a)^2+(y-b)^2=r_2{}^2 \cdots$②

（ただしa, bは同時に0にならない。$r_1>0, r_2>0$）について証明する。

①，②より2次の項を消去して

$2ax+2by-a^2-b^2=r_1{}^2-r_2{}^2 \cdots$③ ③が根軸の方程式である。

i）$b \neq 0$のとき

③より $y=\dfrac{a^2+b^2+r_1{}^2-r_2{}^2-2ax}{2b} \cdots$③′ ③′を①に代入して整理すると

$$4(a^2+b^2)x^2-4a(a^2+b^2+r_1{}^2-r_2{}^2)x$$
$$+(a^2+b^2+r_1{}^2-r_2{}^2)^2-4b^2r_1{}^2=0 \cdots ④$$

④の判別式をDとおくと

$$\frac{D}{4}=4a^2(a^2+b^2+r_1{}^2-r_2{}^2)^2-4(a^2+b^2)\{(a^2+b^2+r_1{}^2-r_2{}^2)^2-4b^2r_1{}^2\}$$
$$=-4b^2(a^2+b^2+r_1{}^2-r_2{}^2)^2+16(a^2+b^2)b^2r_1{}^2$$
$$=-4b^2\{(a^2+b^2+r_1{}^2-r_2{}^2)^2-4(a^2+b^2)r_1{}^2\}$$
$$=-4b^2\{(a^2+b^2)^2+2(a^2+b^2)(r_1{}^2-r_2{}^2)$$
$$+(r_1{}^2-r_2{}^2)^2-4(a^2+b^2)r_1{}^2\}$$
$$=-4b^2\{(a^2+b^2)^2-2(r_1{}^2+r_2{}^2)(a^2+b^2)+(r_1{}^2-r_2{}^2)^2\}$$

$-4b^2<0$ であるから、$D<0$ となるのは

$a^2+b^2<r_1{}^2+r_2{}^2-\sqrt{(r_1{}^2+r_2{}^2)^2-(r_1{}^2-r_2{}^2)^2}$

または $r_1{}^2+r_2{}^2+\sqrt{(r_1{}^2+r_2{}^2)^2-(r_1{}^2-r_2{}^2)^2}<a^2+b^2$

すなわち $a^2+b^2<(r_1-r_2)^2$ または $(r_1+r_2)^2<a^2+b^2$ のときで、このとき中心間の距離について $\sqrt{a^2+b^2}<|r_1-r_2|$ または $r_1+r_2<\sqrt{a^2+b^2}$ となっている。

そしてこのとき④の解は $x=\dfrac{2a(a^2+b^2+r_1{}^2-r_2{}^2)\pm\sqrt{-\dfrac{D}{4}}\,i}{4(a^2+b^2)}$

となり、これが虚交点の x 座標である。

②′に代入して

$$y=\frac{a^2+b^2+r_1{}^2-r_2{}^2}{2b}-\frac{a}{b}\cdot\frac{2a(a^2+b^2+r_1{}^2-r_2{}^2)\pm\sqrt{-\dfrac{D}{4}}\,i}{4(a^2+b^2)}$$

$$=\frac{b(a^2+b^2+r_1{}^2-r_2{}^2)}{2(a^2+b^2)}\mp\frac{a\sqrt{-\dfrac{D}{4}}\,i}{4b(a^2+b^2)}$$

これより虚交点の座標は

$$\left(\frac{2a(a^2+b^2+r_1{}^2-r_2{}^2)\pm\sqrt{-\dfrac{D}{4}}\,i}{4(a^2+b^2)},\right.$$

$\left.\dfrac{b(a^2+b^2+r_1{}^2-r_2{}^2)}{2(a^2+b^2)}\mp\dfrac{a\sqrt{-\dfrac{D}{4}}\,i}{4b(a^2+b^2)}\right)$（複号同順）となり、その x 座標、y 座標の実部をそれぞれ x 座標、y 座標とする点 P の座標は

$P\left(\dfrac{a(a^2+b^2+r_1{}^2-r_2{}^2)}{2(a^2+b^2)},\ \dfrac{b(a^2+b^2+r_1{}^2-r_2{}^2)}{2(a^2+b^2)}\right)$となる。

一方中心軸の方程式は $bx-ay=0$ …⑤であり、$b\neq 0$ から

$x=\dfrac{ay}{b}$ …⑤′

③，⑤′を連立させて解くと

$(x,y)=\left(\dfrac{a(a^2+b^2+r_1{}^2-r_2{}^2)}{2(a^2+b^2)},\ \dfrac{b(a^2+b^2+r_1{}^2-r_2{}^2)}{2(a^2+b^2)}\right)$となり、

これは P の座標と一致している。

ⅱ）$b=0$ のとき

③は $2ax-a^2=r_1{}^2-r_2{}^2$ となり、a, b は同時に0にはならないから $a\neq 0$, よって $x=\dfrac{a^2+r_1{}^2-r_2{}^2}{2a}$ …③″これが根軸の方程式である。

これを①に代入して、$\left(\dfrac{a^2+r_1{}^2-r_2{}^2}{2a}\right)^2+y^2=r_1{}^2$

$$y^2=r_1{}^2-\left(\frac{a^2+r_1{}^2-r_2{}^2}{2a}\right)^2=-\frac{\{r_2{}^2-(r_1+a)^2\}}{2a}\cdot\frac{\{r_2{}^2-(r_1-a)^2\}}{2a}$$

$$=-\frac{(r_2+r_1+a)(r_2-r_1-a)(r_2+r_1-a)(r_2-r_1+a)}{4a^2}$$

C_1, C_2 は共有点を持たないから、$|a|>r_1+r_2$ または $|a|<|r_1-r_2|$

$\therefore\ y^2<0$ となり、

$$y=\pm\frac{\sqrt{(r_2+r_1+a)(r_2-r_1-a)(r_2+r_1-a)(r_2-r_1+a)}}{2|a|}i$$

すなわち虚交点の座標は

$$\left(\frac{a^2+r_1{}^2-r_2{}^2}{2a},\right.$$

$$\left.\pm\frac{\sqrt{(r_2+r_1+a)(r_2-r_1-a)(r_2+r_1-a)(r_2-r_1+a)}}{2|a|}i\right)$$ となる。

そしてその x 座標、y 座標の実部をそれぞれ x 座標、y 座標とする点 P の座標は $P\left(\frac{a^2+r_1{}^2-r_2{}^2}{2a},\ 0\right)$ であり、中心軸の方程式は $y=0$ …⑥であるから③″と⑥より

$(x, y)=\left(\frac{a^2+r_1{}^2-r_2{}^2}{2a},\ 0\right)$ となり、根軸と中心軸の交点は点 P と一致している。（終）

虚円の視覚化

第１章で見たように、c を正の定数としたとき、焦点が $(c, 0)$，$(-c, 0)$ である双曲的円束に属する任意の円は

$(x-a)^2+y^2=a^2-c^2$ …①と表せる。$|a|>c$ のときこれは実円になるが、$|a|=c$ のときは点円、$|a|<c$ のときは虚円になる。

例４−３

例えば $a=2, c=3$ のときは①は虚円 $(x-2)^2+y^2=-5$ …①′となるが、この視覚化を試みる。

$y^2=-(x-2)^2-5$ から、x が実数であるとき右辺は負である

から、y は虚数となる。したがって y を改めて

$y+zi$（y, z は実数 , $z \neq 0$）とおき、①′に代入すると、

$(x-2)^2+(y+zi)^2=-5$

$\Leftrightarrow (x-2)^2+y^2-z^2+2yzi=-5$

x, y, z は実数であるから、$(x-2)^2+y^2-z^2=-5$ …②, $yz=0$

$z \neq 0$ より $y=0$ ゆえに $(x-2)^2-z^2=-5$ …③（xz 平面上の双曲線）

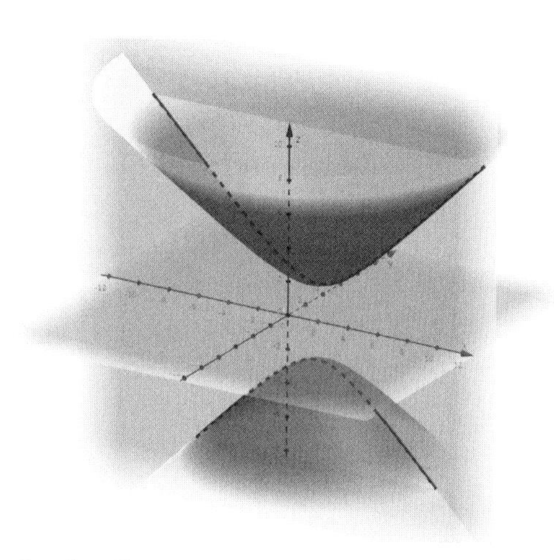

二葉双曲面②を平面 y＝0 で切断してできる双曲線③が虚円①’を視覚化したもの

例 4－3 では $a=2, c=3$ の場合を考えたが、$c=3$ を固定し a の値をいろいろ変化さたものを図示してみる。

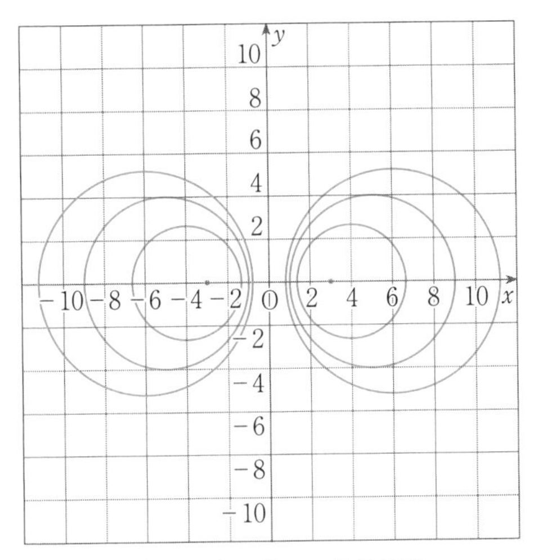

(3, 0), (−3, 0) を焦点とする双曲的円束
$(x-a)^2+y^2=a^2-9$　$|a| \geqq 3$ の場合（実円、点円）

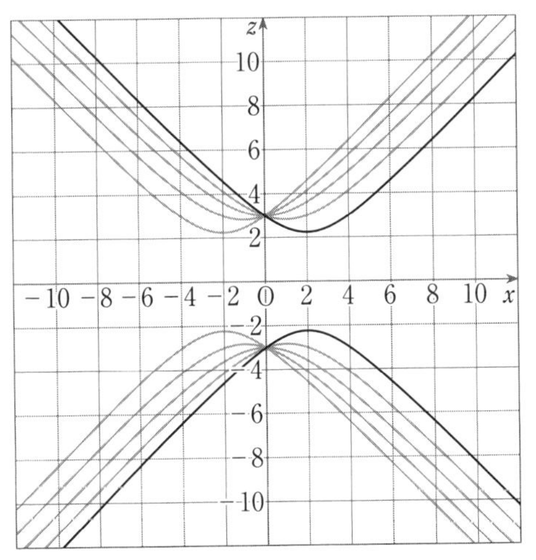

(3, 0), (−3, 0) を焦点とする双曲的円束
$(x-a)^2+y^2=a^2-9$　$|a|<3$ の場合の視覚化

一般に焦点が $(c, 0)$，$(-c, 0)$ である双曲的円束に属する円 $(x-a)^2+y^2=a^2-c^2$ は $|a|<c$ のとき xz 平面上の双曲線 $(x-a)^2-z^2=a^2-c^2$ によって視覚化できる。

2 極と極線についての再考

第２章の反転像の作図のところで、極と極線を定義した。極線について次のことが成り立つ。

定理 4-1

原点を中心とする円 $O(r)$：$x^2+y^2=r^2$、原点と異なる点 $P(a,b)$ について、円 $O(r)$ に関する点 P の極線の方程式は $ax+by=r^2$ である。

証明　ｉ）P が円 $O(r)$ の外部にあるとき

解法１（反転像利用）

$P(a, b)$ の円 $O(r)$ に関する反転像を Q とすると、

$$Q\left(\frac{ar^2}{a^2+b^2}, \frac{br^2}{a^2+b^2}\right)$$

極線は Q を通り OP に垂直な直線であるから、法線ベクトルは $\overrightarrow{OP}=(a,\ b)$ であり、その方程式は

$$a\left(x-\frac{ar^2}{a^2+b^2}\right)+b\left(y-\frac{br^2}{a^2+b^2}\right)=0$$ すなわち $ax+by=r^2$ となる。

解法2（接線利用）

P から円 $O(r)$ に接線を引き、接点を S, T としたとき、直線 ST が極線となる。この方程式を求める。

$S(x_1, y_1), T(x_2, y_2)$ とおくと、S, T における円 $O(r)$ の接線の方程式はそれぞれ $x_1x+y_1y=r^2$, $x_2x+y_2y=r^2$, これらが極 P (a, b) を通ることから、$ax_1+by_1=r^2$, $ax_2+by_2=r^2$

これは2点 $S(x_1, y_1), T(x_2, y_2)$ を通る直線 ST の方程式が $ax+by=r^2$ であることを示している。

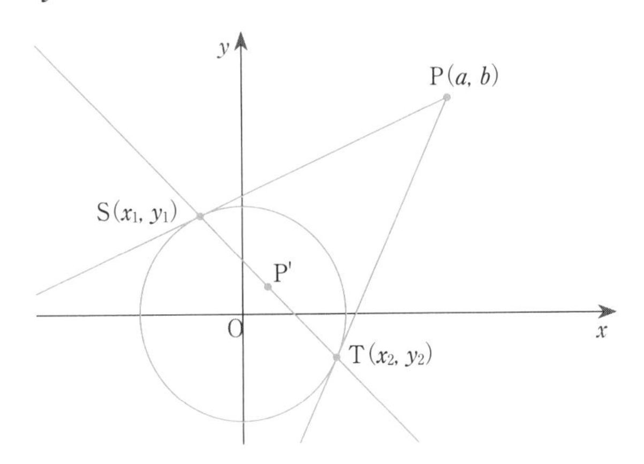

なお、このとき点 P の円 $O(r)$ に関する反転像 P' は ST の中点と一致している。

ii）P が円 $O(r)$ の周上にあるとき

P における円 $O(r)$ の接線が極線となる。その方程式は $ax+by=r^2$ である。

iii）P が円 $O(r)$ の内部にあり、中心 O と一致しないとき

ｉ）解法１と同様にして、極線の方程式は $ax+by=r^2$ となる。（終）

定理４−１の条件は P は原点 O と異なるとあるが、もし P が円 $O(r)$ の中心 O と一致するときは、極線は「無限遠直線」になる。

ｉ）のように P が円 $O(r)$ の外部にあれば、P から接線が引けるので、「解法２」のような考え方もできる。ところがⅲ）の場合だと、P が円 $O(r)$ の内部にあるので、P から接線が引けない。だからｉ）の解法２のような考え方はできない。

しかし、P が円 $O(r)$ の内部にあっても、P から"虚接線"なら引けるのではないか。

点 $P(a, b)$ から円 $O(r)$：$x^2+y^2=r^2$ に接線を引いた時、接点の座標を（x_1, y_1）とおくと、接線の方程式は $x_1x+y_1y=r^2$, これが $P(a, b)$ を通ることから、$ax_1+by_1=r^2$ …①

接点は円 $O(r)$ 上にあるから $x_1{}^2+y_1{}^2=r^2$ …②

ア）$b\neq 0$ のとき①より $y_1=\dfrac{r^2-ax_1}{b}$ …①′

①′を②に代入して整理すると、

$$(a^2+b^2)x_1{}^2-2ar^2x_1+r^2(r^2-b^2)=0 \quad \cdots ③$$

③の判別式を D とおくと

$\dfrac{D}{4}=(-ar^2)^2-(a^2+b^2)r^2(r^2-b^2)=b^2r^2(a^2+b^2-r^2)$ であるから $a^2+b^2<r^2$ すなわち $P(a, b)$ が円 $O(r)$ の内部にあるとき、③は

異なる２つの虚数解をもち、接点は“虚点”になる。このとき③の解を α, β とすると、

虚接点は $\left(\alpha, \frac{r^2-a\alpha}{b}\right), \left(\beta, \frac{r^2-a\beta}{b}\right)$ であり、この２点を通る

直線の方程式は $y-\frac{r^2-a\alpha}{b}=\frac{\frac{r^2-a\beta}{b}-\frac{r^2-a\alpha}{b}}{\beta-\alpha}(x-\alpha)$ すなわち $ax+by=r^2$ となる。

２つの虚点を通る直線が、実係数の方程式で表される直線になるのは少し不思議であるが、方程式を満たしていることは計算上確かである。

なお、このとき解と係数の関係から、

$\frac{\alpha+\beta}{2}=\frac{ar^2}{a^2+b^2}, \frac{\frac{r^2-a\alpha}{b}+\frac{r^2-a\beta}{b}}{2}=\frac{br^2}{a^2+b^2}$ であり、α, β は互いに共役な複素数であるから、これらはそれぞれ虚接点の x 座標、y 座標の実部になっている。すなわち虚接点の実部を x 座標、y 座標にもつ点が点 P の円 $O(r)$ に関する反転像になっている。

イ）$b=0$ のとき、$r>0$ であるから①より a と b が同時に０になることはないので、$x_1=\frac{r^2}{a}$

②に代入して $y_1{}^2=\frac{r^2(a^2-r^2)}{a^2}$

$|a|<r$ すなわち $A(a, b)$ が円 $O(r)$ の内部にあるとき、虚接点

$\left(\frac{r^2}{a}, \pm\frac{r\sqrt{r^2-a^2}}{|a|}i\right)$をもち、この２点を通る直線の方程式は

$x=\frac{r^2}{a}$、これは $ax+by=r^2$ を満たしている。

つまり円 O に関する点 P の極線とは、P が円の外部、内部にあるに拘らず、P を通る円 O の２本の接線を引いたとき、その２接点を通る直線ということができる。

例 4−4

例えば円 $x^2+y^2=4$ に対し、その内部の点 $A(1,0)$から接線を引くことを考えてみる。

接点を（x_1, y_1）とおくと、接線の方程式は $x_1x+y_1y=4$

$P(1,0)$を通るから $x_1=4$　接点は円周上にあるから

${x_1}^2+{y_1}^2=4$ よって $y_1=\pm2\sqrt{3}i$ となり、接点$(4,\ \pm2\sqrt{3}i)$、接線 $2x+\sqrt{3}iy=2$（複号同順）が得られる。

といってもこの虚接線、虚接点も架空のものであり、実態が掴めない。それを少しでも掴めるようにするため、視覚化してみる。接点の y 座標が虚数であるから、y を改めて $y+zi$（y, z は実数、$z\neq0$）とおき xyz 空間での表現を試みる。円の方程式は、$x^2+(y+zi)^2=4$

整理して、$x^2+y^2-z^2-4+2yzi=0$

x, y, z は実数であるから、$x^2+y^2-z^2-4=0$ かつ $yz=0$

$z\neq0$ より $y=0$ であるから $x^2-z^2=4$（xz 平面上の双曲線）

この場合 $P(1,0,0)$, 虚接点 $T(4,0,\ \pm 2\sqrt{3})$,
虚接線 $2x \pm \sqrt{3}z = 2, y = 0$ …①（複号同順）と表される。

実際双曲線 $x^2 - z^2 = 4, y = 0$ の点（$4,0,\ \pm 2\sqrt{3}$）における接線の方程式は①になり、①は $(x.y.z) = (1,0,0)$ を満たすから点 P を通ることも分かる。

円の内部の点から円に引いた虚接線の視覚化１

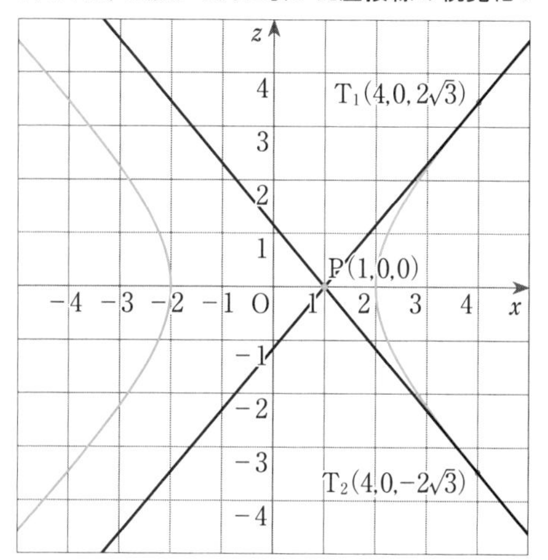

ここで xy 平面における円 $x^2 + y^2 = 4$ に関する点 $P(1,0)$ の反転像は $Q(4,0)$, P の極線は $x = 4$ …②であり、xyz 空間に視覚化された虚接点 T の座標（x, y, z）$= (4,0,\ \pm 2\sqrt{3})$ は②を満たしている。しかし xyz 空間において２点（$4,0,2\sqrt{3}$）,（$4,0,\ -2\sqrt{3}$）を通る直線の方程式は $x = 4, y = 0$ であり、これは平面②の一部でしかない。そこで点 P の円 O に関する極線を、「P の反転像

Qを通り直線OPに垂直な平面」と定義しなおすと、平面②は円$x^2+y^2=4$に関する点$P(1,0)$の極線ということになる。

一般に点P（$a,0$）から円$x^2+y^2=4$に引いた接線の方程式は次のようになる。

i）$|a|>2$のとき　$\dfrac{4x}{a}\pm\dfrac{2\sqrt{a^2-4}y}{a}=4$

ii）$|a|=2$のとき　$x=\dfrac{4}{a}$

iii）$|a|<2$かつ$a\neq0$のとき　$\dfrac{4x}{a}\pm\dfrac{2\sqrt{4-a^2}iy}{a}=4$（虚接線）

i）～iii）いずれの場合もPの極線は$x=\dfrac{4}{a}$である。

aの値をいろいろ変え、接線、極線を図示してみる。

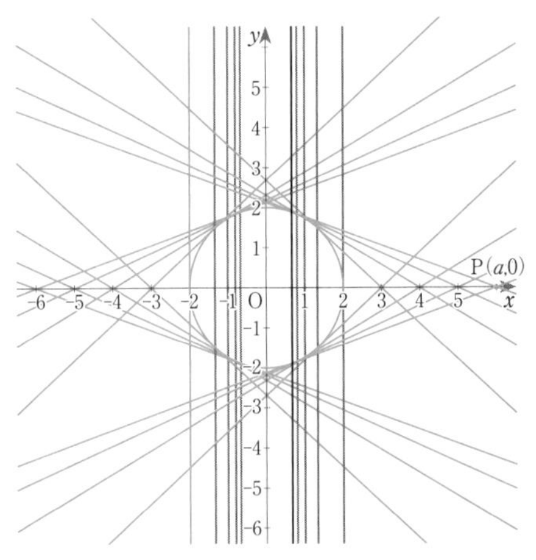

P(a, 0) から定円に引いた接線（青）、P の極線（黒）　|a|=2, 3, 4, 5, 6 の場合

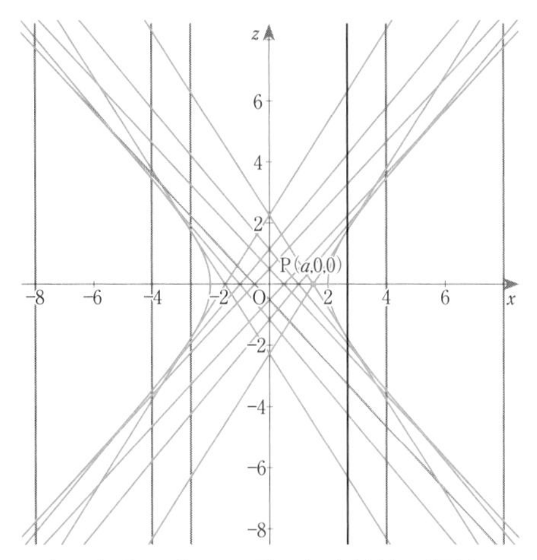

P(a, 0) から定円に引いた虚接線、極線

しかしこの一般化は完全ではない。$a=0$ の場合、すなわち原点から円 $x^2+y^2=4$ に引いた接線がどのようになるかという問題が残っている。これについては後述する。

例 4−5

「円の内部の点を通る円の虚接線」について考察したが、例４−４では虚接点の x 座標は実数で y 座標が虚数であった。次は x 座標 y 標共に虚数である場合について考察する。

円 $x^2+y^2=4$ に対し、その内部の点 $P(1,1)$ から接線を引くことを考えてみる。

接点を (x_1, y_1) とおくと、接線の方程式は $x_1x+y_1y=4$

$P(1,1)$ を通るから $x_1+y_1=4$ …①

接点は円周上にあるから $x_1{}^2+y_1{}^2=4$ …②

①②を連立させて解くと $(x_1, y_1)=(2\pm\sqrt{2}i, 2\mp\sqrt{2}i)$ これが虚接点の座標である。

２点 $(2+\sqrt{2}i, 2-\sqrt{2}i)$, $(2-\sqrt{2}i, 2+\sqrt{2}i)$ を通る直線の方程式は

$$y-(2-\sqrt{2}i)=\frac{(2+\sqrt{2}i)-(2-\sqrt{2}i)}{(2-\sqrt{2}i)-(2+\sqrt{2}i)}\{x-(2+\sqrt{2}i)\}$$ より、$x+y=4$

これは円 $x^2+y^2=4$ に関する $P(1,1)$ の極線の方程式である。

虚接点を視覚化するため、改めて $x_1=x+wi, y_1=y+zi$ (x, y, z は実数 , $w\neq0, z\neq0$) とおいて①②に代入すると

$(x+wi)+(y+zi)=4$ …①　$(x+wi)^2+(y+zi)^2=4$ …②

$\Leftrightarrow$ $(x+y)+(w+z)i=4$,　$(x^2-w^2+y^2-z^2)+2(xw+yz)i=4$

x, y, w, z は実数であるから

$x+y=4$ …③　$w+z=0$ …④

$x^2-w^2+y^2-z^2=4$ …⑤　$xw+yz=0$ …⑥

④より $w=-z$ …④′　④′を⑥に代入して $(-x+y)z=0$

$z\neq0$ より $y=x$ …⑥′

④′を⑤に代入して $x^2+y^2-2z^2=4$ …⑤′

⑤′は超２次曲面⑤を超平面④で切断してできる一葉双曲面を表す。

⑤′に⑥′を代入して $x^2-z^2=2$ …⑥″

⑥″は一葉双曲面⑤′を平面⑥′で切断してできる双曲線を表す。

③, ⑥′より $x=y=2$ これを⑥″に代入すると $4-z^2=2$ から $z=\pm\sqrt{2}$ となり、さらに④′から $(x, y, w, z)=(2, 2, \pm\sqrt{2}, \mp\sqrt{2})$（複号同順）を得る。

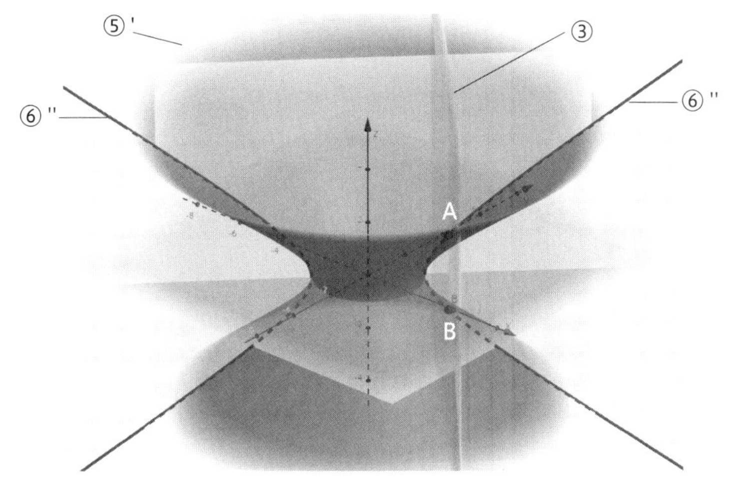

一葉双曲面⑤' を平面⑥' で切断してできる双曲線⑥"、双曲線⑥" と平面③の交点 A, B が虚接点の x 座標の実部、y 座標の実部、y 座標の虚部を視覚化したもの

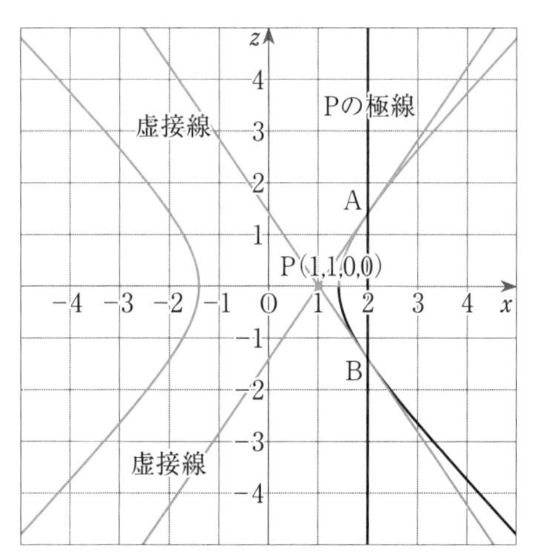

P.183 の立体を xz 平面で切断したもの

xyz 空間における視覚化された２つの虚接点 $A(2, 2, \sqrt{2})$, $B(2, 2, -\sqrt{2})$ を通る直線の方程式は $x=y=2$ となり③に含まれるが一致はしない。しかし極線を「P の反転像 Q を通り直線 OP に垂直な平面」と定義しなおすと、平面 $x+y=4$ が点 $P(1, 1)$ の極線ということになる。

なお原点を中心としない円の極と極線については、次のことが成り立つ。

定理 4-2

点 (a,b) を中心とする円 $C:(x-a)^2+(y-b)^2=r^2$ 点 P (p,q) について、円 C に関する点 P の極線の方程式は $(p-a)(x-a)+(q-b)(y-b)=r^2$ である。

証明 円C, 点Pをそれぞれx軸方向に$-a$, y軸方向に$-b$だけ平行移動させたものを円C', 点P'とすると、

$C' : x^2+y^2=r^2, P'(p-a,\ \ q-a)$

円C'に関する点P'の極線の方程式は定理4-1より

$(p-a)x+(q-b)y=r^2$

円Cに関する点Pの極線の方程式は、これをx軸方向にa, y軸方向にbだけ平行移動させたものであるから、

$(p-a)(x-a)+(q-b)(y-b)=r^2$ （終）

原点から円 $x^2+y^2=r^2$ （$r>0$）に引いた接線

最後にP.180の一般化で、残っていた問題について考察する。

接点を (x_1, y_1) とすると接線の方程式は、$x_1x+y_1y=r^2$

原点を通ることから$(x, y)=(0, 0)$を代入すると左辺は0となり右辺と一致しない。そこで視点を変えまず円$x^2+y^2=r^2$ …①と直線$y=mx+n$ …②が接する場合を考える。

①②よりyを消去して $(1+m^2)x^2+2mnx+n^2-r^2=0$ …③

③の判別式をDとおくと、接する条件は$\dfrac{D}{4}=0$から

$$m^2n^2-(1+m^2)(n^2-r^2)=0$$

$$\therefore\ m^2=\frac{n^2-r^2}{r^2}$$

$|n|\geqq r$のとき、②は接線$y=\pm\dfrac{\sqrt{n^2-r^2}}{r}x+n$, $0<|n|<r$のとき、

②は虚接線$y=\pm\dfrac{\sqrt{r^2-n^2}i}{r}x+n$ …②′となる。

そして$n=0$のときは、②′に$n=0$を代入して、②は虚接線$y=\pm ix$ …④になると考えられるが、④を①に代入すると、また も左辺は0となり、接点が円上にないという奇妙なことが起こる。

これは$m=\pm i$のときは、$1+m^2=0$となり、そもそも③が2次方程式にならないということによる。

$n=0$としてしまうとこのようなことが起こるため、nを限りなく0に近づけたときの状況を考えてみる。

③が重解をもつとき、それは$x=-\dfrac{mn}{1+m^2}$となるが、$0<|n|<r$のときには$m=\pm\dfrac{\sqrt{r^2-n^2}i}{r}$を代入し、重解すなわち接点の$x$座標は$\mp\dfrac{r\sqrt{r^2-n^2}}{n}i$となり、$y$座標は②′に代入して$\dfrac{r^2}{n}$となる。

そして$n\to 0$のとき$\dfrac{r\sqrt{r^2-n^2}}{n}$, $\dfrac{r^2}{n}$は共に無限大に発散するから、原点から円①に引いた接線の接点は無限遠点であると考えることができる。

おわりに

2円の交点を通る直線の問題をきっかけとし、第1章、2章で根軸、円束、反転、極線、複比、調和点列について考察する中で、パスカルの定理やブリアンションの定理等の美しい定理を見てきた。第3章では反転、および1次分数変換を用いて円束を構成し、第4章では虚円の視覚化を試みた。しかし例えば第4章最後の、原点を通り原点を中心とする円に接する虚接線の問題は、より厳密には射影幾何学に関する知識が必要であり、また虚円といっても本書では中心の座標が実数の場合のみしか扱っていないので、中途半端で不十分な点が多々ある。このあたりの議論をさらに深めていくのが今後の課題である。

この本を出版するにあたり、技術評論社 書籍編集部の成田恭実様に、タイトルに関するアドバイスをいただく等大変お世話になりました。また小山拓輝先生に、本書の校閲をしていただく中で内容に関する多くのご指摘をいただき、お蔭様で何とか書籍としてまとめ上げることができました。深く感謝しています。

参考文献・参考URL

（1）パケリマン／ボルチャンスキー 北原泰彦／冨田幸子訳「反転・包絡線」東京図書株式会社 1970

（2）鍋島信太郎「幾何学研究」池田書店 1952

（3）早苗雅史「数学玉手箱」デザインエッグ社 2018

（4）上野健爾・志賀浩二・森田茂之「高校生に贈る数学 II」岩波書店 1995

（5）深谷賢治「双曲幾何」岩波書店 2004

（6）難波 誠「平面図形の幾何学」現代数学社

（7）*http://izumi-math.jp/M_Sanae/c_circ/c_circ_2.html* (2022年12月閲覧)

（8）*izumi-math.jp/F_Nakamura/suusemi/suusemi.PDF* (2022年12月閲覧)

（9）*SSH*数学図形ゼミ(*coocan.jp*)(2022年12月閲覧)

（10）青空学園数学科(*sakura.ne.jp*)(2022年12月閲覧)

（11）*mobius*1(*mixedmoss.com*)(2023年12月閲覧)

（12）*mobius*2(*mixedmoss.com*)(2023年12月閲覧)

（13）一次変換の分類*.pdf* (*lolipop.jp*)(2023年12月閲覧)

（14）18*tanbara.pdf* (*u-tokyo.ac.jp*)(2022年12月閲覧)

（15）81-3*.pdf*(*chart.co.jp*)(2022年12月閲覧)

（16）双曲的非ユークリッドの世界を視よう(*kcn.jp*)(2023年12月閲覧)

索　引

著者プロフィール

高橋 純（たかはし じゅん）

1985年 筑波大学第一学群自然学類数学専攻 卒業。

1987年 筑波大学大学院教育研究科数学教育コース 修了。

1987年より 神奈川大学附属中・高等学校数学科教諭 現在に至る。

Memo

数学への招待シリーズ

円束のはなし
～幾何と代数のアイディアから見える世界～

2024年6月8日　初版　第1刷発行

著　者　高橋 純
発行者　片岡 巌
発行所　株式会社技術評論社
東京都新宿区市谷左内町21-13
電話　03-3513-6150　販売促進部
03-3267-2270　書籍編集部
印刷・製本　昭和情報プロセス株式会社

装　丁　中村友和（ROVARIS）
本文デザイン，トレース，DTP　株式会社森の印刷屋

定価はカバーに表示してあります。
ISBN978-4-297-14218-6 C3041
Printed in Japan

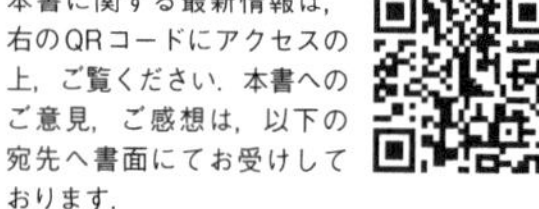

本書に関する最新情報は，右のQRコードにアクセスの上，ご覧ください．本書へのご意見，ご感想は，以下の宛先へ書面にてお受けしております．
電話でのお問い合わせにはお答えいたしかねますので，あらかじめご了承ください．

〒162-0846
東京都新宿区市谷左内町21-13
株式会社技術評論社 書籍編集部
「円束のはなし」係
FAX：03-3267-2271